Birhanu Mengist Zewdiea

Os factores determinantes das microempresas na cidade de Debremarkos, Etiópia

Birhanu Mengist Zewdiea

Os factores determinantes das microempresas na cidade de Debremarkos, Etiópia

ScienciaScripts

Cover image: www.ingimage.com

This book is a translation from the original published under ISBN 978-3-659-85528-3.

Publisher:
Sciencia Scripts
is a trademark of
Dodo Books Indian Ocean Ltd. and OmniScriptum S.R.L publishing group

120 High Road, East Finchley, London, N2 9ED, United Kingdom
Str. Armeneasca 28/1, office 1, Chisinau MD-2012, Republic of Moldova, Europe
Managing Directors: Ieva Konstantinova, Victoria Ursu
info@omniscriptum.com

Printed at: see last page
ISBN: 978-620-8-51326-9

Índice:

AGRADECIMENTOS

O meu principal agradecimento vai para o meu orientador, o Professor Mekete Belachew, que me tem oferecido todos os comentários escolares. Para além disso, gostaria de estender a minha sincera gratidão ao meu pai Ato Mengist Zewdie, à minha mãe W/o Keralem Belay, aos meus irmãos Addisu Mengist e Tenaw Mengist, às minhas irmãs Birtukan Mengist, Bizuhan Mengist, Sirawdink Mengist e Mimi Mengist, que, de uma forma ou de outra, me ajudaram no processo desta tese. Para além disso, gostaria de aproveitar a oportunidade para expressar os meus agradecimentos a Biniam Atnafe, Abiy Asefa e Abiy Menkir pelos seus valiosos conselhos e apoio material. De seguida, gostaria de expressar o meu profundo apreço e agradecimento aos funcionários do Departamento de Comércio e Indústria de Debre Markos e do Gabinete de Desenvolvimento das Micro e Pequenas Empresas da zona

Resumo

Muitos estudos indicam que a industrialização em grande escala tem pouca aplicabilidade em países em desenvolvimento como a Etiópia, uma vez que exige um grande capital inicial e mão de obra qualificada. Consequentemente, a promoção de grandes indústrias não trará o impulso desejado para o desenvolvimento económico dos países em desenvolvimento. As microempresas, devido às suas caraterísticas de utilização de tecnologias mais intensivas em mão de obra, matérias-primas indígenas, entre outras, são consideradas como a chave para o desenvolvimento económico global de um país. No entanto, a questão do desenvolvimento das microempresas como parte integrante do desenvolvimento económico local é uma área de inovação recente na Etiópia. Embora existam algumas oportunidades para a melhoria deste sector, há ainda desafios que inibem o papel potencial que podem desempenhar. Este estudo tenta, principalmente, destacar os factores determinantes do crescimento e do desempenho das PME na cidade de Debre Markos. No total, são inquiridas 162 empresas dos sectores do comércio, da indústria transformadora, da alimentação e bebidas e dos serviços técnicos. Para o efeito, foram recolhidos dados primários e secundários junto de funcionários públicos, operadores e outros organismos interessados. Os resultados do inquérito mostraram que a escassez de capital, a existência de concorrência e a falta de procura de produtos são os principais desafios actuais das MPEs na área de estudo. Além disso, a falta de instalações comerciais e a fraca ligação a prazo continuam a ser os problemas das MPEs na área de estudo. As constatações dos resultados da regressão também indicaram que o capital das empresas, a aquisição de formação e a idade do operador (ser velho) influenciam as vendas das empresas. A organização dos operadores, especialmente dos recém-chegados, a disponibilização de um local de atividade adequado e a ajuda aos operadores para obterem facilidades de crédito de um banco público (Banco Comercial da Etiópia) e da Instituição de Crédito e Poupança de Amhara são algumas das oportunidades que o Gabinete de Desenvolvimento das Micro e Pequenas Empresas da cidade oferece aos operadores, mas estes serviços não são prestados de forma suficiente.

CAPÍTULO 1

INTRODUÇÃO

1.1 Declaração do problema

Muitos estudos indicam que a industrialização em grande escala tem pouca aplicabilidade em países em desenvolvimento como a Etiópia, devido ao seu grande capital de arranque e à necessidade de mão de obra qualificada (Assefa, 1991). Consequentemente, a promoção de grandes indústrias não trará o impulso desejado para o desenvolvimento económico dos países em desenvolvimento. As microempresas, devido às suas caraterísticas de utilização de tecnologias mais intensivas em mão de obra, matérias-primas indígenas, entre outras, são consideradas como chaves mestras para o desenvolvimento económico global do país (Fasika e Daniel, 1999). As microempresas favorecem o desenvolvimento do sector privado, a promoção das mulheres e a implementação do desenvolvimento comunitário por iniciativa privada; reduzem a pobreza e contribuem para uma distribuição mais justa do rendimento.

Srinivas (2003) também apoia fortemente a ideia de que as microempresas contribuem significativamente para o crescimento económico, a estabilidade social e a equidade. O sector é um dos veículos mais importantes através dos quais as pessoas com baixos rendimentos podem escapar à pobreza. Com competências e educação limitadas para competir por empregos no sector formal, estes homens e mulheres encontram oportunidades económicas nas microempresas como proprietários de empresas e empregados.

Apesar disso, Manu (1999), no seu estudo sobre o "Desenvolvimento Empresarial em África", afirma que as microempresas em África não crescem, especialmente em termos de emprego. As deficiências do mercado nos países em desenvolvimento limitam frequentemente a capacidade dos empresários para atingirem os seus objectivos (ONU, 2001).

Worku citado em Kelelew (2006:22) menciona os desafios do sector na Etiópia como:

> *os proprietários de microempresas não têm qualquer acesso ou estão limitados pelo capital e pela mão de obra qualificada, pelas matérias-primas e pelos mercados, pela falta de conhecimentos de gestão e de competências técnicas, pelas comissões governamentais, etc.; os mercados estão distorcidos, uma vez que as médias e grandes empresas obtêm sobretudo subsídios e privilégios. As micro e pequenas empresas não estão organizadas.*

O crescimento e o desenvolvimento das microempresas são, por conseguinte, limitados por numerosos problemas. Estes problemas têm de ser resolvidos para que se possa beneficiar do desenvolvimento das microempresas. Alguns destes estrangulamentos podem ser específicos de algumas localidades e zonas. Este estudo investigará os factores determinantes do crescimento das microempresas na cidade de Debre Markos.

1.2 Objectivos do estudo

As microempresas, através do seu papel de proporcionar emprego remunerado, são o principal meio de subsistência da grande maioria da população urbana (Solomon, 2004). Com este papel, as MEs podem ser descritas como o "terreno de sementeira do empreendedorismo doméstico" e a sua promoção irá melhorar o desenvolvimento económico.

Por conseguinte, o objetivo geral deste estudo é examinar os factores determinantes do crescimento e do desempenho das microempresas numa das cidades da região de Amhara, ou seja, Debre Markos. Este estudo pretende atingir os seguintes objectivos específicos

1. Avaliar as caraterísticas específicas das microempresas da cidade de Debre Markos
2. Examinar o desempenho económico das microempresas em termos de rendimento, capital e emprego na área de estudo.
3. Identificar os factores determinantes dos operadores de microempresas na cidade.

1.3 Questões de investigação e hipóteses estatísticas

1.3.1 Questões de investigação

Pensa-se que os objectivos do estudo, acima referidos, serão alcançados através da procura de respostas às seguintes questões:

1. Quais são as caraterísticas das microempresas da cidade de Debre Markos?
2. Qual é a dimensão do desempenho económico das microempresas da cidade?

1.3.2 Hipóteses estatísticas

O modelo de regressão e as análises descritivas foram utilizados para avaliar os determinantes do crescimento e desempenho das microempresas da cidade. Assim, considerando as evidências da literatura empírica e teórica, foram elaboradas as seguintes hipóteses a serem testadas pelo estudo:

a) Espera-se que um elevado nível de educação esteja positivamente associado ao desempenho dos empresários.
b) Parte-se do princípio de que o capital tem uma relação direta com a taxa de rendibilidade. A este respeito, parte-se da hipótese de que as empresas que possuem um capital relativamente mais elevado terão um volume de vendas mais elevado do que as que possuem menos capital.
c) A idade está negativamente correlacionada com o desempenho dos operadores, ou seja, com o aumento da idade há uma diminuição do desempenho. Isto deve-se ao facto de os jovens

serem conhecidos por serem mais dinâmicos do que outros sectores da população adulta.

d) Parte-se do princípio de que a experiência anterior no sector parece ter um efeito significativo, ou seja, os empresários que têm experiência profissional anterior terão um maior potencial para aumentar as suas vendas, uma vez que podem dispor de conhecimentos específicos do sector e de adaptação à empresa.

e) O número de trabalhadores (remunerados e não remunerados) envolvidos nas empresas tem uma correlação positiva com as vendas. Isto significa que as empresas com maior força de trabalho podem obter mais rendimentos.

f) Os serviços de desenvolvimento empresarial (diferentes tipos de acções de formação e workshops) terão um coeficiente positivo significativo. Parte-se do princípio de que os empresários que dispõem de serviços de desenvolvimento empresarial têm mais capacidade para aumentar as suas vendas do que os que não dispõem desses serviços.

1.4 Natureza dos dados

O estudo utilizou dados primários e secundários. Os dados primários são recolhidos através de um questionário estruturado (tanto de tipo aberto como fechado). O inquérito por questionário abrangeu a totalidade dos operadores da amostra e foi conduzido por quatro enumeradores nomeados sob a supervisão do investigador. Os enumeradores receberam formação sobre as técnicas de abordagem dos inquiridos da amostra e foram também bem orientados para explicar aos inquiridos os objectivos do estudo. Além disso, a fim de recolher dados suplementares, foi efectuada uma entrevista aprofundada a três informadores-chave. Um do gabinete de comércio e indústria e os outros dois do gabinete zonal de desenvolvimento das micro e pequenas empresas. A entrevista foi conduzida pelo próprio investigador.

Além disso, foram consultadas fontes secundárias publicadas e não publicadas. Foram contactadas várias instituições interessadas, tais como a Agência Federal para o Desenvolvimento das Micro e Pequenas Empresas (FeMSEDA), a Agência Central e Estatística (CSA), o Ministério do Comércio e da Indústria (MoTI), o Ministério do Trabalho e dos Assuntos Sociais (MOLSA) e a Comissão Económica para África (CEA), a fim de obter fontes secundárias relevantes.

1.4.1 Técnicas de amostragem

O gabinete de comércio e indústria da cidade possui o documento que contém os operadores licenciados em diferentes grupos, com base no tipo de actividades comerciais a que se dedicam. Esta lista completa dos operadores é utilizada como base de amostragem para o estudo. Do documento, apenas foram selecionadas as empresas estabelecidas antes de 1999 com um número de trabalhadores igual ou inferior a 10. Isto deve-se ao facto de os operadores recém-criados após a data acima mencionada (1999) poderem não responder bem às perguntas. A lista é então estratificada em grandes categorias de empresas, como o comércio, a indústria transformadora, os serviços de alimentação e bebidas e os serviços de tipo técnico correspondentes ao respetivo 'kebele'.

O quadro 1 mostra a proporção de inquiridos da amostra por empresa

categoria a nível do "kebele

Tipo de categoria de empresa	*Kebeles*								Proporção da amostra
	01	02	03	04	05	06	07	Total	
Fabrico	37	22	32	16	16	13	8	144	22
Comércio	456	71	153	34	32	11	9	766	115
Serviços de alimentação e bebidas	16	12	7	9	8	4	-	56	8
Serviços de carácter técnico	37	14	18	20	11	9	5	114	17
Total	546	119	210	79	67	37	22	1080	162

Fonte: Gabinete de Comércio e Indústria da cidade de Debre Markos

Em seguida, após a estratificação das empresas em diferentes sectores, as empresas da amostra foram selecionadas a partir das listas do documento com base numa amostragem aleatória. A dimensão da amostra selecionada foi de 15% da população. A seleção do tamanho da amostra de cada kebele foi proporcional à sua quota relativa de microempresas. Desta forma, cada membro da população tem a mesma oportunidade de ser selecionado como amostra da população.

1.4.2 Método de análise dos dados

Os dados recolhidos de várias fontes foram analisados através de estatísticas descritivas e inferenciais. As principais técnicas utilizadas foram:

1. Estatísticas descritivas univariadas, como a percentagem e a média, para descrever os dados.
2. Modelos de regressão múltipla para identificar os factores que determinam o crescimento e o desempenho das microempresas na área de estudo.
3. Além disso, foram também utilizados outros métodos, como tabelas cruzadas, gráficos, diagramas de pizza e mapas, para ilustrar melhor os dados.

1.5 Justificações da seleção da área de estudo

A cidade de Debre Markos foi selecionada propositadamente como área de estudo pelas seguintes razões

1 A cidade de Debre Markos está a enfrentar um elevado crescimento demográfico devido a uma migração rural-urbana excessiva, bem como a aumentos naturais. Consequentemente, regista um agravamento do desemprego. Assim, um estudo sobre as EM ajudará a resolver estes problemas na cidade.

2 O autor do presente estudo conhece bem os problemas de desempenho e de crescimento das

microempresas na cidade. Assim, espera-se que a experiência anterior do autor na área possa ser uma mais-valia para o estudo.

1.6 Significado do estudo

Na Etiópia, foi reconhecido o importante papel que as microempresas desempenham no processo de desenvolvimento económico. O desenvolvimento económico, em particular o desenvolvimento industrial, foi prosseguido na senda das grandes empresas, frequentemente promovidas pelos governos e pelas empresas de transição. Mas todos os esforços não foram capazes de gerar o desenvolvimento (Worku e Daniel, 2004). As microempresas na Etiópia desempenham um papel significativo em termos de acolhimento de um certo número de operadores e de criação de emprego remunerado para a mão de obra (EEA, 2004).

No entanto, a investigação sobre esta questão tem sido escassa. Alguns deles incluem Etsegnet, 2000; Tegegne e Mulat, 2004; e Kelelew, 2006. Enquanto os dois primeiros se centraram na sobrevivência, no crescimento e no desempenho das microempresas nas zonas rurais e nas pequenas cidades, Kelelew salientou o atual programa de desenvolvimento das microempresas.

Assim, os principais factores determinantes do crescimento e do desempenho das microempresas parecem não ter sido abordados. Por conseguinte, este estudo, entre outros, tem os seguintes significados

1. Espera-se que forneça dados muito actuais sobre os factores determinantes da melhoria do crescimento e do desempenho das microempresas na área de estudo.
2. Tendo em conta o elevado crescimento da população nas zonas urbanas e as limitadas oportunidades de emprego, o estudo fornecerá informações valiosas aos decisores políticos, aos responsáveis pelo planeamento, às ONG e a outras partes interessadas que se preocupam em resolver o problema do desemprego urbano.
3. Por último, mas não menos importante, o estudo servirá de trampolim para outros que necessitem de prosseguir estudos sobre o assunto.

1.7 Limitações do estudo

No decurso do processamento da investigação, foram enfrentadas as seguintes limitações.

Falta de informações precisas sobre o rendimento: - embora os inquiridos tenham sido informados da natureza académica do estudo, mostraram-se sensíveis e relutantes em revelar informações genuínas relacionadas com as finanças. Os inquiridos não estavam interessados em fornecer informações genuínas, sob pena de aumentar os impostos que pagam.

Falta de entusiasmo: - a maior parte da investigação na Etiópia foi efectuada nas capitais regionais e em Adis Abeba. Por conseguinte, a sensibilização das pessoas para a importância da investigação nas cidades zonais e distritais é muito baixa. Por este motivo, alguns inquiridos mostraram-se relutantes em divulgar as informações necessárias.

Falta de documentação em alguns serviços: - a recolha de informações relevantes junto dos serviços em causa é fundamental para a realização de uma investigação. No entanto, durante a realização deste estudo, algumas instituições governamentais da área de estudo mostraram-se relutantes em fornecer os documentos necessários. A este respeito, basta mencionar, entre outras, a Câmara Municipal da cidade. Por um lado, o Gabinete não possui a documentação necessária. Por outro lado, o gabinete não tinha confiança para oferecer informações, mesmo que o investigador garantisse a natureza académica do estudo. Isto dificultou uma breve análise da história da cidade e das suas actividades económicas.

1.8 Delimitação do estudo

O estudo limita-se a avaliar os factores determinantes do crescimento e do desempenho das MPE. O estudo é efectuado numa das cidades da região de Amhara, ou seja, a cidade de Debre Markos.

1.9 Organização da tese

A tese examinou os factores determinantes do crescimento e do desempenho das MPEs na cidade de Debre Markos. Para o efeito, os relatórios da tese estão logicamente organizados em sete capítulos, da seguinte forma

O primeiro capítulo apresenta a parte introdutória que contém a declaração do problema, os objectivos da investigação, as questões de investigação e as hipóteses estatísticas, a importância do estudo, a metodologia e as limitações do estudo. O segundo capítulo discute o quadro concetual, enquanto o terceiro capítulo trata da revisão da literatura relacionada em geral. O quarto capítulo apresenta a descrição geral da área de estudo. O quinto e o sexto capítulos tratam das caraterísticas gerais dos operadores de MPE, das caraterísticas específicas das MPE e do desempenho económico das MPE. Além disso, esses capítulos discutem o item principal do estudo, que trata da análise de regressão sobre os determinantes do crescimento e do desempenho das MPEs na área de estudo. Finalmente, o sétimo capítulo apresenta um conjunto de conclusões e recomendações.

CAPÍTULO 2

LITERATURA RELACIONADA

2.1 LITERATURA CONCEPTUAL (TEÓRICA)

2.1.1 Definição concetual

Existe frequentemente confusão quanto ao que se entende por microempresa. Este facto resulta da ausência de uma definição universalmente aceite. O termo microempresa tem várias utilizações e significados em diferentes condições e contextos. Por conseguinte, os critérios aplicados para definir o sector podem depender de critérios diferentes, consoante o nível de desenvolvimento económico e tecnológico de um país. Em apoio a esta ideia, Andualem (2004: 23) afirma

> *Não é possível nem desejável fornecer uma definição clara e universalmente aceite de microempresas. O ponto de vista geral é que a escala da empresa só precisa de ser definida para o fim específico a que se destina e ser adequada ao contexto em que vai ser aplicada no processo de desenvolvimento do país. Por conseguinte, em qualquer país, são necessárias definições nacionais claras e consensuais para centrar os debates no sector, para fins de investigação e, sobretudo, para facilitar apoios e assistência devidamente adaptados ao sector.*

As definições de microempresas têm-se baseado geralmente nas caraterísticas quantitativas ou qualitativas das empresas. No entanto, muitos países em desenvolvimento aplicam a primeira (USAID, 1997). As definições quantitativas baseiam-se em parâmetros específicos que incluem factores como o número de trabalhadores, o capital e o volume de vendas ou a sua combinação. De acordo com Shiferaw (1994), uma definição qualitativa é também utilizada em relação ao processo de tomada de decisões administrativas, de gestão e técnicas. As microempresas são empresas que empregam 10 pessoas ou menos e que se caracterizam por uma subcapitalização e pela falta de competências de gestão alargadas (Bradford, 1993). Hirschfeld (2007) define "microempresas" como empresas com dez ou menos empregados, capital inicial mínimo e pouco ou nenhum acesso ao sistema bancário moderno. Consequentemente, podem ser utilizadas várias definições num único país. O emprego e o investimento de capital são maioritariamente utilizados para definir as microempresas. Nos EUA, por exemplo, utiliza-se o número de empregados (menos de 20 empregados) (Hailey, 2003), e na Namíbia é definida com base em ambos os critérios, ou seja, empresas muito pequenas que envolvem frequentemente o proprietário, alguns membros da família e um ou dois empregados remunerados e têm uma base de capital limitada.

Na Etiópia, estão atualmente a ser utilizados dois tipos de definições de trabalho para as microempresas, uma pelo Ministério do Comércio e da Indústria (MoTI) e a outra pela Autoridade Estatística Central (CSA). A definição utilizada pelo MoTI foi desenvolvida para formular a estratégia de desenvolvimento das micro e pequenas empresas em 1997. De acordo com a estratégia de desenvolvimento das micro e pequenas empresas (1997 E.C), as microempresas são as empresas do sector formal e informal com um capital realizado não superior a 20000 Birr e excluindo os serviços de consultoria de alta tecnologia e outros estabelecimentos de alta tecnologia. O CSA (2002), por outro lado, define as microempresas como estabelecimentos com dez ou menos trabalhadores, incluindo o proprietário, os trabalhadores remunerados e não remunerados, e com uma pequena quota de mercado.

2.1.2 Definições operacionais

Licença (autorização de trabalho) - é um certificado legal emitido pelos serviços governamentais como autorização para exercer um determinado tipo de atividade.

Determinantes - incluem os factores que facilitam ou dificultam o desempenho da empresa.

A microempresa - no âmbito deste estudo específico - inclui as actividades económicas que empregam dez pessoas ou menos (incluindo os proprietários da empresa, os trabalhadores assalariados e não assalariados) (CSA, 2002) e exclui as empresas que não têm licença (do Gabinete de Comércio e Indústria da cidade). No entanto, a dimensão do capital não é utilizada como critério para distinguir o sector, receando a fiabilidade da informação.

Ligação - é a relação entre as EM com a mesma ou outras empresas para actividades comerciais e económicas beneficiárias para ambas as partes envolvidas.

Rendimento mensal - é a estimativa do rendimento mensal médio das empresas que provém da prestação de serviços ou da venda de mercadorias de uma determinada empresa no momento do inquérito.

Trabalhador familiar não remunerado - refere-se a um membro da família do proprietário da empresa que trabalha para a empresa sem remuneração. Neste estudo, palavras como empresários e operadores são utilizadas indistintamente.

2.1.3 Papel e caraterísticas das microempresas

A teoria da dependência/dominação considera que são as empresas nacionais e internacionais que moldam a economia mundial. Estas empresas estão sediadas nas capitais dos países desenvolvidos, mas as unidades de produção estão espalhadas por países e regiões onde os factores de produção são baratos e onde beneficiam de economias de escala e são mais rentáveis do que as pequenas empresas locais. Nestas condições, a teoria considera que as pequenas e microempresas sobrevivem como pequenos comerciantes que operam em mercados extremamente competitivos, sem possibilidade de obter lucros suficientes para investir e crescer (Pederson ,1989)

As microempresas, que se situam sobretudo no sector informal da economia, contribuem de forma significativa para o desenvolvimento económico local. Em todo o mundo, reconhece-se que as microempresas desempenham um papel vital no desenvolvimento socioeconómico como meio de gerar emprego e rendimentos sustentáveis (MTI, 2003).

Existem diferentes pontos de vista sobre o papel das MPE em diferentes épocas. Nas décadas de 1950 e 1960, as microempresas eram vistas como sectores improdutivos que fugiam aos impostos e com pouco potencial de crescimento (Tegegne e Mulat, 2004). Na década de 1980, porém, as microempresas receberam mais atenção dos doadores e dos governos como um meio potencialmente sustentável de combinar equidade e eficiência a longo prazo. Neste contexto, parece fundamental analisar as abordagens relativas ao aparecimento e à expansão das microempresas. Existem duas abordagens ao aparecimento e expansão das microempresas e ao aumento do número de pessoas envolvidas nessas actividades. A primeira abordagem encara este fenómeno como uma indicação do fracasso de uma economia em proporcionar empregos produtivos e, por conseguinte, obriga as pessoas a "refugiarem-se em actividades que proporcionam um mínimo de apoio à subsistência". Quanto à segunda abordagem, por outro lado, é um resultado de melhores oportunidades para as pessoas (incluindo os pobres e desfavorecidos) participarem em "formas que os capacitam e alimentam" (Liedholm e Mead, 1999:35)
Recentemente, os pontos de vista sobre as MEs mudaram desde que os planos de industrialização em grande escala que foram praticados em muitas partes de África e nos países em desenvolvimento resultaram numa economia pouco integrada (Tegegne e Mulat, 2004).

Muitos autores demonstram que as tecnologias avançadas são inadequadas para os países em desenvolvimento, uma vez que têm um carácter de capital intensivo e de deslocação de mão de obra. Devido a este facto, os especialistas em desenvolvimento têm realçado a contribuição das pequenas e microempresas como criadoras de emprego (Webster e Fidler, 1996). Assim, as PME podem servir de viveiro de trabalhadores industriais, gestores e empresários qualificados, essenciais para o avanço do sector para pequenas e médias empresas. O sector é uma enorme esponja que absorve o excesso de mão de obra devido à relativa facilidade de entrada e aos baixos requisitos em termos de educação, competências, capital e tecnologia. O sector também ajuda a satisfazer as necessidades dos consumidores pobres, fornecendo bens e serviços facilmente acessíveis e a baixo preço.

Assim, acredita-se que, se forem implementadas estratégias eficazes, as microempresas podem ser uma ponte para a acessibilidade e a graduação de pequenas, médias e grandes empresas. Devido a este facto, o pensamento atual olha para o desenvolvimento das microempresas como uma ferramenta importante para reduzir a pobreza e o desemprego (Gebrehiwot e Wolday, 2004). O desenvolvimento das MPEs é um processo de desenvolvimento a partir de baixo, no qual elas podem crescer em categorias de pequeno, médio e grande porte, desde que o crescimento seja necessário (ECA, 2000). Por serem empresas muito pequenas, as MPEs podem sobreviver em regiões onde o poder de compra e as infra-estruturas limitadas impedem as médias e grandes empresas. Assim, as MPEs contribuem para o desenvolvimento descentralizado e o crescimento regionalmente equilibrado (Tegegne e Mulat, 2004).

O sector das microempresas é caracterizado por actividades altamente diversificadas que podem criar oportunidades de emprego para um segmento substancial da população (MTI, 2003). Isto indica que o sector pode ser uma solução rápida para qualquer problema de desemprego.

Existe uma grande diferença entre as caraterísticas das microempresas nos países em desenvolvimento e nos países desenvolvidos. Nos países em desenvolvimento, a literatura apresenta algumas caraterísticas típicas das suas microempresas. De acordo com Chijoriga (1997), as caraterísticas que definem as microempresas nos países em desenvolvimento são as seguintes Negócios não registados ou não incorporados, baseados em casa, propriedade familiar, empregando membros da família, tendo acesso limitado a capital organizado e más condições de trabalho.

Em relação às médias e grandes empresas, as microempresas são mais intensivas em mão de obra, mais equitativas na distribuição dos rendimentos que geram, mais dispersas geograficamente, ou seja, são fáceis de operar em cidades, vilas e aldeias, facilitando assim a disseminação dos benefícios do desenvolvimento e minimizando as disparidades regionais (Harper,1987).

Outra caraterística das MPE é a sua heterogeneidade. Elas apresentam diversidade em aspectos como tamanho, sexo dos trabalhadores, localização e sector de atividade (Holmer, 1997). Independentemente da sua heterogeneidade, permitem canalizar os pobres para a propriedade de pequenas empresas se forem bem geridas. Por este motivo, as microempresas catalisam um processo gradual multifacetado em que o desenvolvimento pessoal, social e ambiental se junta ao desenvolvimento económico. Por outras palavras, podem gradualmente trazer prosperidade às pessoas e também ao local.

2.1.4 Determinantes dos operadores de microempresas

Uma análise da literatura disponível sobre o sector das microempresas em geral mostra que o sector tem um potencial sólido para oferecer oportunidades económicas a um grande número de desempregados e analfabetos. Por conseguinte, para melhorar o sector, é necessário analisar exaustivamente as limitações e as oportunidades de crescimento e desempenho do sector.

2.1.4.1 Constrangimentos (desafios) dos operadores de microempresas

O grau em que o crescimento económico e a redução da pobreza são alcançados através do sector das microempresas é limitado por um certo número de restrições. Estes constrangimentos afectam frequentemente as microempresas, as pequenas empresas, as médias e mesmo as grandes empresas, embora as microempresas tendam a ser afectadas de forma mais grave. Isto deve-se à força do capital, ao nível de educação dos operadores de microempresas e a outros factores (Solomon, 2004). Os operadores de microempresas enfrentam e lidam com uma gama diversificada de desafios e problemas nas suas actividades quotidianas, o que tem afetado o seu desempenho, crescimento e a contribuição potencial que poderiam dar para a criação de emprego e de uma base empresarial dinâmica (Liedholm e Mead, 1999). Alguns dos factores mais críticos que condicionam estes operadores são

I. Falta de acesso a financiamento e a facilidades de crédito

A falta de capital de investimento adequado e a falta de fundos que permitam a concessão de empréstimos é um dos principais factores que limitam a atividade das pequenas empresas. Os operadores de pequenas empresas têm geralmente dificuldade em aceder ao crédito (Labie 2006; Hailey, 2003; Batra, 2003; UN, 2001: Solomon, 2004; Liedholm e Mead, 1999). Goedhuys e Sleuwaegen (2000) afirmam também que a insuficiência de capital para iniciar ou expandir actividades é um dos principais obstáculos económicos ao desenvolvimento das microempresas. Por conseguinte, o financiamento é um dos elementos cruciais que determinam o desenvolvimento das microempresas. Na maioria dos países menos desenvolvidos, embora tenham sido dados passos encorajadores na liberalização do sector financeiro nacional, o acesso ao financiamento continua a ser um obstáculo ao rápido crescimento e desenvolvimento do sector (ONU, 2001). Este facto deve-se à falta de mecanismos específicos para responder às necessidades financeiras dos operadores de microempresas.

Na Etiópia, as microempresas não puderam beneficiar muito das instituições de microfinanciamento. Em relação a este facto, Solomon (2004) afirma que:

> *As instituições de microfinanciamento têm vindo a disponibilizar fundos aos operadores de microempresas. A elevada taxa de juro, que é mais elevada do que a taxa de empréstimo dos bancos formais, e a pequena dimensão do empréstimo (um máximo de Birr 5000) podem, contudo, inibir a sua eficácia na resposta às necessidades de financiamento das microempresas (Solomon 2004:33).*

Os bancos, por outro lado, mostram-se relutantes em recorrer a facilidades de crédito, quer se trate de empréstimos a curto ou a longo prazo, a menos que tenham acordos de garantia aceitáveis (Hailey, 2003; ONU, 2001). Segundo Labie (2006), os microempresários obtêm geralmente o pequeno montante de financiamento de que necessitam das suas próprias poupanças ou da sua família e têm dificuldade em crescer sem a possibilidade de obter um empréstimo de instituições de crédito. Esta dificuldade resulta do facto de, nos países em desenvolvimento, o sistema bancário provocar "imperfeições nos mercados financeiros que limitam o acesso dos pequenos mutuários ao crédito" (Webster 1990 in Labie 2006). As razões são (Levitsky, 1991; Water Field, 1993).

- Os bancos têm uma tendência para conceder empréstimos às grandes empresas.
- Os custos administrativos da concessão de empréstimos às microempresas são elevados e podem, por vezes, reduzir a rendibilidade desses empréstimos para (quase) zero.
- As microempresas raramente podem fornecer garantias ou cauções para os seus empréstimos
- Muitas vezes, as microempresas não podem (não querem) fornecer informações exactas sobre si próprias.

A favor desta ideia, Helmsing (2001) explica a relação positiva entre a dimensão da empresa e a disponibilidade de crédito. Ou seja, quanto mais pequena é a empresa, menor é a probabilidade de obter crédito de instituições formais.

II. Falta de apoio suficiente ao mercado e à promoção

A escassez de um mercado suficiente tanto para os produtos acabados como para as matérias-primas e os serviços de promoção é o outro problema para a maioria dos operadores de microempresas (Downing, 1990). Webster e Fidler (1996) indicam que na África Ocidental a concorrência é feroz no mercado das microempresas, devido em parte à pequena dimensão dos mercados servidos pelas microempresas e em parte devido à facilidade de entrada e ao grande número de participantes. Liedholm e Mead (1999), no seu estudo sobre "Small Enterprises and Economic Development", mostraram que as dificuldades em matéria de matérias-primas são particularmente significativas para as empresas em cidades de dimensão intermédia. Na Etiópia, não existem instalações institucionais suficientes para fomentar a promoção e o crescimento das microempresas. Consequentemente, a comercialização eficaz dos seus produtos é um dos estrangulamentos que os microempresários enfrentam em todo o país (Solomon, 2004). O poder de mercado das médias e grandes empresas pode excluir as micro e pequenas empresas de certos mercados.

Existe também um problema de acesso e aquisição de informação sobre oportunidades de negócio (Andualem, 2004). A informação pode ser sobre mercados, fornecedores, oportunidades de exportação, etc. As grandes empresas dispõem geralmente de mais poder e recursos para aceder à informação para si próprias e para limitar o acesso dos outros a essa informação (Bambauer, 2000). A informação pode ser obtida através de redes informais, bem como através da filiação em organizações como corporações de ofício, associações e sindicatos (OIT, 1999). Para as empresas privadas dos países em desenvolvimento, o acesso à informação não é tão simples como deveria ser. De acordo com Berhanae (2000), os principais factores que contribuem para esta dificuldade podem ser

- Baixo nível de desenvolvimento das infra-estruturas de informação, em particular, e baixo nível de desenvolvimento das infra-estruturas em geral
- Falta de sensibilização e de conhecimentos a nível das empresas
- Falta de transparência no sistema político e administrativo

Alguns dos textos sobre os operadores de microempresas etíopes indicam que os microempresários enfrentam sérios problemas na comercialização dos seus produtos ou serviços. Os estudos revelaram que este problema é frequentemente causado pelo facto de estes operadores produzirem e tentarem comercializar os seus produtos em torno da propriedade, limitando assim o seu mercado a compradores individuais ou à vizinhança intermédia (Estegenet, 2000; Gebrehiwot e Wolday, 2004). Muitas vezes, estas práticas resultam da falta de informação sobre as oportunidades de mercado.

Os microempresários têm geralmente pouco acesso a mercados fora das suas áreas locais devido ao seu capital reduzido, ao elevado custo de transporte, à falta de informação sobre a procura de produtos nas áreas circundantes e à falta de serviços de promoção (Hailey, 2003; Solomon, 2004).

III. Falta de acesso a terrenos e instalações

A disponibilidade de locais adequados onde possam ter acesso fácil ao mercado e às instalações é outro fator determinante para o crescimento e o desempenho das microempresas. A ausência de instalações tende a forçar os microempresários a deslocarem-se de locais seguros e comercializáveis para zonas insalubres (Solomon, 2004). Charmes (1999:31), no seu estudo sobre as microempresas na África Ocidental, salientou que "nem todos os locais são igualmente favoráveis, uma vez que o acesso aos transportes e às comunicações e o poder de compra das pessoas variam de local para local". Na Etiópia, a questão da aquisição de terras tornou-se muito proibitiva para o nascimento de novas empresas e para a sobrevivência e crescimento das já existentes. A situação agravou-se devido ao sistema de arrendamento de terras, que tem prejudicado grandemente as hipóteses das pessoas que aspiram a criar empresas (Andualem, 2004).

IV. Deficiências de competências

Vários estudos realizados sobre micro e pequenas empresas mostraram que os microempresários carecem de conhecimentos empresariais e de capacidade de gestão. É mesmo duvidoso que muitos desses empresários se apercebam dessa necessidade (Amenu, 2005; ECA, 2001; Mulat e Wolday, 1997).

Hailey (2003) indica as formas de deficiências de competências na to 3 da seguinte forma:

1. Incompetência: - Isto significa que os proprietários simplesmente não sabem como gerir a empresa. Cometem erros graves que um empresário experiente e bem formado veria rapidamente
2. Experiência desequilibrada: - Neste caso, os proprietários não têm uma experiência completa nas principais actividades da empresa, como as finanças, as compras, as vendas e a produção. Devido à falta de experiência do proprietário numa ou mais destas áreas críticas, a empresa fracassa gradualmente.
3. Falta de experiência no ramo:-o proprietário pode entrar num ramo de atividade em que tem conhecimentos muito limitados.

V. Analfabetismo e baixo nível de educação

Na maioria dos casos, os operadores de microempresas caracterizam-se pelo seu analfabetismo e baixo nível de instrução. O primeiro caso verifica-se sobretudo nas zonas rurais e o segundo corresponde aos seus homólogos urbanos (Srinivas, 2003; Liedholm e Mead 1999; ONU, 2003; Solomon, 2004). Assim, a adoção de mudanças e o seu acesso à informação são gravemente afectados pelo seu estatuto educativo.

VI. Infra-estruturas deficientes

Na maioria dos países menos desenvolvidos, as infra-estruturas constituem um desafio para o crescimento e o desempenho das microempresas. A ausência (insuficiência) de serviços de eliminação de resíduos e a administração inadequada das infra-estruturas são os principais problemas na Etiópia (TCE, 2001).

VII. Desafios socioculturais

A segregação profissional de homens e mulheres é o outro fator limitativo do crescimento do sector. A categorização tradicional do tipo de trabalho que é apropriado para as mulheres resulta numa divisão do trabalho produtivo em função do género, que ataca o potencial que as mulheres têm para serem bem sucedidas. Na sua maioria, as mulheres são afectadas a actividades semelhantes às suas tarefas domésticas (Weidemann, 1995). A sociedade etíope sofre de estrangulamentos socioculturais que, direta ou indiretamente, prejudicam o desenvolvimento das tradições empresariais. A tradição empresarial é fraca (Habtamu 1995 in Andualem 2004). A atividade empresarial costumava ocupar um lugar de destaque entre os trabalhos prestigiados e desejáveis.

Em relação a este aspeto, Ayalew (1995) afirma que a cultura feudal que dominava o país é a principal responsável pela ausência de zelo e de vontade empresarial na Etiópia no passado. O sistema desprezava as pessoas empreendedoras. Muitas pessoas com boas capacidades empresariais receavam dedicar-se ao artesanato e ao comércio. Isto deve-se ao facto de serem socialmente considerados inferiores. Por conseguinte, até há pouco tempo, as pessoas que gostavam de empreender eram escassas, mas agora as coisas parecem estar a mudar ligeiramente.

Para além disso, o sistema de ensino formal que o país tem seguido não incute uma boa cultura empresarial nos estudantes. Em vez disso, inspira-os e prepara-os para se tornarem administradores, militares ou funcionários públicos. Na realidade, receia e impede-os de ter uma visão empresarial e um forte interesse em procurar oportunidades de negócio (Wiedmann, 1995).

Acima de tudo, a nossa sociedade não tolera o fracasso, especialmente os fracassos cometidos em relação aos negócios (Workie, 1996).

VIII. Desafios políticos e regulamentares

Um sistema jurídico e regulamentar que exige requisitos complexos de registo e licenciamento constitui um obstáculo ao crescimento da maioria das microempresas na maior parte dos países em desenvolvimento (ONU, 2001).

Em muitos casos, os requisitos de licenciamento e o sistema regulamentar exigem práticas de informação fastidiosas e dispendiosas que impõem custos elevados aos microempresários (Nyaundi, 2004).

Um estudo efectuado pelas Nações Unidas mostra que mesmo as políticas positivas formuladas pelos ministros dos países em desenvolvimento são geralmente impraticáveis, uma vez que as políticas e os programas de desenvolvimento das micro e pequenas empresas são principalmente da competência desses ministros (ONU, 2001).

Nalguns casos, em que a responsabilidade se sobrepõe a dois ou mais ministros ou departamentos governamentais, isto pode dar origem a problemas de coordenação. Na Etiópia, também existem problemas relacionados com as políticas. Algumas políticas são inadequadas e existe uma discrepância entre a política e a prática (Andualem, 2004).

IX. PRECONCEITO INSTITUCIONAL

Os obstáculos institucionais são particularmente graves para as micro e pequenas empresas, uma vez que representam custos fixos que uma empresa de maior dimensão pode mais facilmente absorver. Além disso, as empresas de maior dimensão podem receber um tratamento mais favorável do que as micro e pequenas empresas. Isto deve-se ao facto de as grandes empresas terem ligações políticas e estarem mais bem organizadas (Brunetti et al, 1998). Um inquérito realizado pelo Banco Mundial em 1996 indica que as pequenas empresas nos países em desenvolvimento têm muito mais problemas do que as grandes empresas em matéria de burocracia discricionária e corrupção (Banco Mundial, 1997).

2.1.4.2 OPORTUNIDADES DOS OPERADORES DE MICROEMPRESAS

A presença de vários problemas não significa que não existam oportunidades. Uma oportunidade é a possibilidade de fazer algo de uma forma diferente e melhor do que a forma como é feito anteriormente (Weidemann, 1995).

1. **Quadro político** - a política económica do regime de Derg foi marcada pela propriedade estatal das unidades de produção e pela gestão centralizada do planeamento. Consequentemente, foi dada a devida ênfase ao desenvolvimento do sector público, enquanto o desenvolvimento do sector privado se limitava a uma pequena dimensão (ECA, 2001). Recentemente, porém, o país adoptou uma política industrial liberal que visa abrir caminho ao estabelecimento de empresas para investidores locais e estrangeiros (Solomon, 2004). A criação de instituições como a FeMSEDA e a ReMSEDA a nível federal e regional, respetivamente, constitui uma oportunidade especial que os operadores de microempresas poderiam explorar.

2. **Disponibilidade de mão de obra barata - na** maioria dos países de baixo rendimento, onde o desemprego e o subemprego são caraterísticas básicas, a mão de obra é abundante. Se lhes for dada a oportunidade, os trabalhadores têm o potencial de aprender e aplicar novas competências com relativa facilidade, o que dá aos empresários a vantagem de salários relativamente baixos (ONU, 2001; Liedholm e Mead, 1999).
3. **Disponibilidade de recursos agrícolas** - existe uma dupla vantagem para o nascimento de novas microempresas e para o desenvolvimento das microempresas existentes que se centram nos recursos agrícolas (Wolday, 2004).
4. **Fornecimento de capital** - Nos países em desenvolvimento como a Etiópia, os bancos públicos e outras instituições financeiras interessadas estão a ser forçados pelo governo e por outras partes interessadas a rever e a flexibilizar as suas políticas de empréstimo para conceder

crédito às microempresas (Taddesse, 2004).

2.1.5 Uma sinopse sobre as microempresas na Etiópia e a estratégia de desenvolvimento das MPE do país

2.1.5.1 Dimensão e diversidade das PME na Etiópia

De acordo com os três inquéritos independentes sobre artesanato, operadores do sector informal urbano e estabelecimentos de fabrico de pequena escala realizados pelo CSA em 1997, o número de micro e pequenas empresas era de 1 480 361, empregando mais de 2 milhões de trabalhadores

Quadro 2: Principais caraterísticas das MPE

	Número de estabelecimentos	Número de trabalhadores
Artesanato	892,719	1,311,745
Setor informal urbano	584,911	730,969
Pequenas empresas transformadoras	2,731	8,929
Total	1,480,361	2,051,637

Fonte: *Boletim Estatístico da CSA, n.º 172, 174,182*

No sector das MPE, as microempresas (artesanato e operadores informais) representam 99,8% do total de estabelecimentos e 99,6% do emprego total.

Um inquérito realizado pelo CSA em 2002 revela que existiam 974 676 estabelecimentos de artesanato que empregavam 1 386 865 pessoas. Por outro lado, as grandes e médias empresas empregavam apenas 98 136 pessoas. Em termos de localização, destas empresas de fabrico de artesanato, 616.696 ou 63,3% situavam-se em zonas rurais, enquanto as restantes 357.979 ou 36,7% se situavam em zonas urbanas (CSA, 2003).

No que diz respeito à diversidade setorial das EM, o inquérito do CSA mostra que uma grande parte do sector estava concentrada numa área limitada de actividades. Ou seja, 47% na indústria transformadora, 42% no comércio e nos serviços de alimentação e bebidas. Assim, mais de 89% dos operadores de EM estavam concentrados nas actividades acima mencionadas. E os restantes 11% estavam nos serviços colectivos e pessoais e nas actividades de transporte (Ibid).

2.1.5.2 Estratégia de desenvolvimento das microempresas da Etiópia

O governo da Etiópia adoptou uma estratégia nacional de desenvolvimento das micro e pequenas empresas em 1997 (E.C). A estratégia de desenvolvimento industrial da Etiópia indica que a promoção das microempresas é um dos instrumentos importantes para criar um sector privado produtivo e um espírito empresarial e que o governo dará apoio para promover o sector (Gebrehiwot e Wolday, 2004). O principal objetivo da estratégia é criar um ambiente jurídico, institucional e outro de apoio ao desenvolvimento das micro e pequenas empresas com os seguintes objectivos específicos

- Promover um desenvolvimento equitativo e facilitar o crescimento económico
- Criar oportunidades de emprego a longo prazo
- reforço da cooperação entre micro e pequenas empresas
- Promoção das exportações
- Equilibrar o tratamento preferencial entre as micro e pequenas empresas e as empresas de maior dimensão.
- fornecer a base para empresas de média e grande dimensão.

Os princípios fundamentais para alcançar os objectivos acima referidos dão ênfase ao grupo mais vulnerável da sociedade, especialmente os jovens e as mulheres. Os apoios à formação, a melhoria do acesso ao financiamento, a introdução de regimes de incentivos e a resolução dos problemas de comercialização dos operadores são considerados cruciais para o progresso das micro e pequenas empresas no âmbito da estratégia (Solomon, 2004).

Embora a estratégia pareça favorável à melhoria do sector, as cidades da região ainda não são muito beneficiadas devido à incapacidade institucional e à falta de recursos financeiros para a execução do programa.

2.2 LITERATURA EMPÍRICA

2.2.1 Benefícios das microempresas em África

Vários dados empíricos provaram que as microempresas têm várias vantagens potenciais para as economias dos países em desenvolvimento. Hall berg, 2000; Mead et al, 1998; Tegegne e Mulat 2004). Mead e Liedholm (1998) constataram que o emprego nas micro e pequenas empresas é quase o dobro do das grandes empresas legalmente registadas (licenciadas) e do sector público em cinco países africanos (Botsuana, Quénia, Malavi, Suazilândia e Zimbabué).

Sethuraman (1997) verificou igualmente que a parte das microempresas na criação de emprego excede 60% do emprego total em África. Além disso, entre 1980 e 1985, o sector deu lugar a cerca de 75% dos novos trabalhadores que entraram na esfera do emprego. Do mesmo modo, Webster e Fidler (1996) assinalaram que o sector abriga a grande maioria dos grupos de baixos rendimentos na África Ocidental.

Um outro estudo efectuado por Hope (2001) em alguns países específicos assegurou a contribuição muito significativa da criação de emprego das MPEs. De acordo com este estudo, as MPEs criaram oportunidades de emprego para mais de 80% em Ibadan (Nigéria), 66% em Doula (Camarões), quase 70% em Burkina Faso, e a situação não é diferente na África Oriental e Austral, ou seja, o facto acima mencionado também se reflecte em 75% a 95% na Somália, 60% na Suazilândia e no Zimbabué. Na Etiópia, um estudo efectuado pela CSA (2000) revela que a percentagem de microempresas no emprego em relação ao total das empresas (micro, pequenas, médias e grandes) é de 95,1% e, quando combinada com as pequenas empresas, atinge 95,6%. Isto indica que as microempresas oferecem uma grande parte do emprego total atual e que o novo emprego cresce mais rapidamente do que noutras empresas onde as actividades domésticas são predominantes (Hyman, 1989).

Para além da sua criação de emprego, a contribuição do sector para o produto interno bruto também chama a atenção. Nos países africanos, a parte das EM no produto nacional varia entre um mínimo de 30% e um máximo de 70% (Hope, 2001). A este respeito, dados específicos de países mais recentes indicam que a contribuição do sector para o PIB é de 38% na Guiné e de 20% no Burkina Faso (Hallberg, 2000).

Além disso, diz-se frequentemente que o crescimento e a expansão das microempresas contribuem para uma distribuição mais equitativa da riqueza. Por conseguinte, apresentam justificações de equidade. Um estudo efectuado por Hallberg (2000) concluiu que os proprietários e os trabalhadores obtêm um rendimento aproximadamente igual nas micro e pequenas empresas em comparação com as médias e grandes empresas. Consequentemente, esta distribuição equitativa dos rendimentos cria igualdade de rendimentos entre as pessoas e proporciona estabilidade política. (1997), as micro e pequenas empresas têm sido consideradas como parte do processo de democratização, do aumento da estabilidade social e política e como um instrumento para um desenvolvimento regional equilibrado.

2.2.2 FACTORES DETERMINANTES DAS MICROEMPRESAS

Esta parte procura analisar os trabalhos empíricos de diferentes investigadores sobre os factores determinantes (desafios e oportunidades) das microempresas, tanto de trabalhos internacionais como de investigadores locais. É dada a devida atenção aos trabalhos que se enquadram no objetivo geral da investigação.

2.2.2.1 Investigações noutros países

Para começar, Dipta (2004) tentou explorar o papel das micro e pequenas empresas no desenvolvimento económico da Indonésia. No seu trabalho, também avaliou os problemas que as micro e pequenas empresas enfrentam, tais como a falta de recursos humanos qualificados, a ausência de mercado e de informação sobre oportunidades de negócio, a insuficiência de capital de exploração, problemas de infra-estruturas, locais de trabalho deficientes e a falta de uma ligação efectiva ao mercado, que são apontados como causas do insucesso empresarial no país. Pelo contrário, apontou o florescimento das instituições de microfinanciamento como uma oportunidade para estes empresários. O que falta aqui é o facto de o estudo se centrar tanto nas empresas licenciadas como nas não licenciadas, o que é diferente do presente estudo, em que apenas se dá atenção às empresas licenciadas.

Por seu lado, a ONU (2001) apresentou um resumo dos resultados de quatro estudos efectuados em países em desenvolvimento sobre o enquadramento político geral das empresas. Os países em causa foram o Burkina Faso, a Zâmbia, o Nepal e Saoma. O relatório procurou avaliar se o ambiente político é encorajador ou desencorajador. A conclusão retirada do relatório indica que os ambientes regulamentares e políticos foram considerados problemáticos, ou seja, nenhum dos países dispunha de uma estratégia explícita para o desenvolvimento das micro e pequenas empresas. O resumo também mostra que em todos os países, exceto em Saoma, embora a discriminação contra as mulheres seja ilegal, os preconceitos socioculturais contra elas persistem e continuam a ser um grande desafio para as mulheres empresárias. Parece, no entanto, que os desafios para as empresas são multidimensionais e que o ambiente interno das empresas, como as competências empresariais, o nível de educação e o capital, são ignorados no resumo. No que respeita às oportunidades, o resumo reconhece a existência de flexibilidade nos funcionários destes países no que respeita à aplicação da regulamentação em matéria de trabalho, emprego e ambiente (relacionada com a saúde), em especial para os empresários de zonas desfavorecidas.

O desenvolvimento das MPE no Quénia é investigado por Nyaundi (2004). No seu estudo, também analisou os problemas que impedem o sector, tais como leis e regulamentos pesados, acesso limitado ao crédito, infra-estruturas físicas inadequadas, acesso deficiente à tecnologia e ao mercado, fraca capacidade empresarial, custo elevado dos serviços de desenvolvimento empresarial e dificuldade de acesso a informações relevantes. Nyaundi mostrou a abertura de organizações governamentais e não governamentais e de instituições de crédito privadas que iniciaram vários programas de crédito como uma oportunidade para as MPE. No entanto, o seu estudo é de tipo descritivo. Por conseguinte, não pôde retratar o grau de influência de cada problema nos operadores. Além disso, os problemas das microempresas e os problemas das pequenas empresas não são tratados separadamente. Este facto pode levar a uma conclusão pouco clara em resultado da sua fusão.

Agrawal (2004) também analisou as oportunidades e os desafios das MPE na Índia no seu estudo sobre uma panorâmica das micro e pequenas empresas. As oportunidades referidas incluem o aumento da ligação entre empresas e o apoio do governo e o desenvolvimento de competências técnicas e de gestão. Os desafios, por outro lado, são a falta de financiamento, as infra-estruturas deficientes e o impacto da globalização nas MPE do país.

Okelo (1995) investigou um mecanismo de apoio às mulheres microempresárias em África. De igual modo, avaliou os principais constrangimentos e problemas do desenvolvimento das MEs em África. O estudo generaliza que o financiamento, os mercados, as tecnologias adequadas de baixo custo e as políticas governamentais são os principais desafios indicados de acordo com a sua ordem de influência. Além disso, a má gestão, os fracos métodos contabilísticos e, em certas áreas, o mau acabamento dos produtos foram considerados como os desafios enfrentados pelas PME em África. Este estudo, embora pudesse explorar os principais estrangulamentos das MPE, centrava-se apenas nas mulheres empresárias, o que é diferente do presente estudo, em que são considerados ambos os sexos.

Por seu lado, Hehui (1995) efectuou um estudo sobre os problemas e o desempenho das micro e pequenas empresas chinesas. Identificou que a tendência institucional para as grandes empresas, o mercado fragmentado, as infra-estruturas deficientes e o baixo nível de educação eram os principais constrangimentos das MPE. O que falta aqui também é o facto de as oportunidades não serem apresentadas.

2.2.2.2 Investigações na Etiópia

Para começar, Tegegne e Mulat (2004) estudaram o desempenho das MPE em pequenas cidades da região de Amhara, centrando-se nas suas implicações para o desenvolvimento económico local. O estudo foi efectuado em Werilu, Akesta, Bati, Dogollo, Tita e Haik. Para este efeito, foi selecionado um total de 332 empresas como quadro de amostragem, nas 6 cidades. Foi efectuada uma análise de regressão para identificar os factores determinantes que influenciam as vendas e o capital comercial das microempresas. Os resultados mostram que a falta de financiamento (para servir de fundo de maneio), a falta de apoio e de regulamentação governamentais, a fraca cultura de poupança, o acesso à informação, a falta de mercado (falta de poder de compra da população local) foram os principais factores determinantes. Este estudo poderia explorar os principais factores determinantes das MPE no que diz respeito às vendas e ao capital de exploração. Contudo, o estudo considerou tanto os empresários licenciados como os não licenciados, o que é diferente do presente estudo, em que todos os empresários têm um estatuto legal.

FeMSEDA (2002) realizou um inquérito sobre "como tornar-se um ator-chave no desenvolvimento das MPE" e identificou oportunidades e desafios para as MPE em várias regiões do país. Os resultados obtidos na região de Amhara revelam que a falta de procura (mercado), a falta de financiamento (fundo de maneio), a falta de informação e de aconselhamento, os problemas relacionados com as regras e os regulamentos governamentais, a falta de instalações e a falta de matérias-primas foram identificados como os principais desafios, em função do seu grau de incidência. O inquérito apresentou a criação de serviços de desenvolvimento empresarial como uma oportunidade para os empresários. O que falta aqui é o facto de as oportunidades não serem investigadas em profundidade.

Além disso, o inquérito centrava-se nas empresas de produção e de prestação de serviços, o que é diferente do presente estudo, que inclui também o comércio.

Chemeda (2004), no seu estudo sobre os constrangimentos ao desenvolvimento, as potencialidades de exportação e as oportunidades das MPE, em particular do artesanato na Etiópia, mostrou os constrangimentos que impedem o sector, tais como a falta de organizações de apoio separadas, o acesso limitado a recursos financeiros, a falta de instalações de produção e de comercialização, o acesso limitado à informação e as técnicas de produção atrasadas.

Por outro lado, mostrou as oportunidades, como o acesso preferencial aos mercados proporcionado por alguns países desenvolvidos, o surgimento de melhores meios de comunicação e a cobertura do governo, do sector privado e das ONG para apoiar as MPE. Embora o estudo tenha permitido obter uma visão dos factores determinantes das MPE, o seu enfoque específico incidiu apenas no artesanato, o que poderia criar uma generalização precipitada para outros sectores.

Estegnet (2000), por sua vez, estudou a sobrevivência e o crescimento das EM na Etiópia, com especial referência à wereda de Baso Worena. Para este estudo, utilizou 87 amostras. A autora constatou que o género dos operadores, a idade, a experiência, a educação dos operadores, a mão de obra, a localização (acesso ao mercado), o acesso a recursos financeiros e a dimensão da família eram os principais factores determinantes do crescimento e da sobrevivência das EM na área de estudo. Embora tenha discutido longamente os vários determinantes, ela não se atreveu a ver o esforço do governo local no crescimento e na sobrevivência das MPEs. Além disso, como o estudo foi realizado na zona rural de Baso Worena Woreda, o que é determinante para as MPEs rurais pode não funcionar para a sua contraparte urbana, que é o alvo deste estudo.

Gebrehiwot e Wolday (2004) efectuaram um inquérito à escala nacional, com especial referência ao desenvolvimento das MPE. Tendo em conta o desenvolvimento das MPE no país, identificaram separadamente os efeitos das regras/regulamentação e os condicionalismos de mercado das micro e pequenas empresas. Consideram que a exigência de garantias elevadas (48%), o capital inadequado (43,6%) e a falta de mercado constituem problemas graves. Afirmaram que a grande maioria dos operadores de ME não considerava as regras/regulamentos relacionados com o bem-estar dos trabalhadores (ou seja, regras sobre contratação livre e salários mínimos) como um problema. Isto deve-se ao facto de não estarem sujeitos à legislação laboral ou de a contornarem com relativa facilidade. Por conseguinte, concluíram que este facto constitui uma oportunidade para os operadores de EM. Embora o estudo pudesse desagregar os dados por tamanho - micro e pequeno porte -, ele viu as MEs em geral (independentemente de seu status legal).

Tsegereda (2002) estudou o dinamismo e as contribuições potenciais das MPE para o desenvolvimento económico local, com especial referência aos clusters de calçado em Addis Abeba.

Descobriu os problemas prevalecentes no sector do calçado, que incluem a escassez de procura, a escassez de matérias-primas, o sistema fiscal, o sistema burocrático de licenças, a falta de acesso ao financiamento e as dificuldades em adquirir tecnologia e desenhos actualizados. Assegurou que o acesso à informação não constituía um problema para os trabalhadores do sector.

Adil (2007) realizou um estudo sobre os desafios e os constrangimentos das MPE em Adis Abeba com o objetivo geral de avaliar os desafios e os constrangimentos das empresas transformadoras. Constatou que a escassez de capital (46%) é um dos principais constrangimentos, seguida da falta de mercado (34,2%) para os sectores.

Os ambientes regulamentares burocráticos, a intervenção do governo, as infra-estruturas deficientes, a idade dos operadores (idade avançada) são também outros desafios para as MPE. Apesar de estes parecerem, entre outros, os principais desafios das empresas industriais na Etiópia, não é realista concluir que os desafios das empresas industriais se aplicam aos outros elementos do sector - alimentação e bebidas, comércio, que é proposto para estudo no meu relato.

Nestes e noutros estudos, os determinantes apenas das MPE licenciadas (registadas) não são tratados como um estudo separado. Além disso, a maioria dos estudos tentou estudar o papel, as caraterísticas, os desafios e as oportunidades das MPEs juntamente com as pequenas empresas. Como resultado, a compreensão do leitor pode ficar confusa. Neste sentido, este estudo centra-se nos factores determinantes das MEs licenciadas (legalmente registadas).

CAPÍTULO 3

CONTEXTO GERAL DA ZONA DE ESTUDO

3.1 CONTEXTO GEOGRÁFICO

3.1.1 Localização, dimensão e topografia

A cidade de Debre Markos situa-se a cerca de 300 quilómetros a noroeste da capital nacional - Adis Abeba e a cerca de 265 quilómetros a sudeste da capital do Estado Regional de Amhara - Bahir Dar. A sua localização absoluta é a 10^0 $20'$ latitude norte e 37^0 $43'$ longitudes leste. A cidade é o centro administrativo da zona leste de Gojjam. A área total da cidade é de cerca de 6000 hectares (CECA, 2007).

O estudo da estrutura física geral da cidade mostra que a área atualmente ocupada pelos seus habitantes não é muito adequada para o desenvolvimento urbano. A cidade é dissecada por três zonas pantanosas e, em certa medida, por colinas. A análise do declive feita pelo Departamento de Planeamento Urbano do Ethiopian Civil Service College (CECA, 2007) mostra que 20% da área da cidade é pantanosa (terreno com 0-2,5% de declive). Isto significa que, a menos que sejam dotados de boas instalações de drenagem, não podem ser utilizados para estabelecimentos comerciais. As porções sul e sudoeste da cidade, a partir do complexo do palácio, são pantanosas e esta parece ser a razão do desenvolvimento urbano passivo nessa direção, o que afecta direta ou indiretamente o número de estabelecimentos de microempresas. O planalto estende-se desde a parte central da cidade até ao norte da sua periferia. De um modo geral, quase 75% da área da cidade situa-se entre um declive baixo de 2,6% e um declive alto de 20% e parece mais ou menos adequado topograficamente para uma área construída.

Figura 1 Mapa da área de estudo

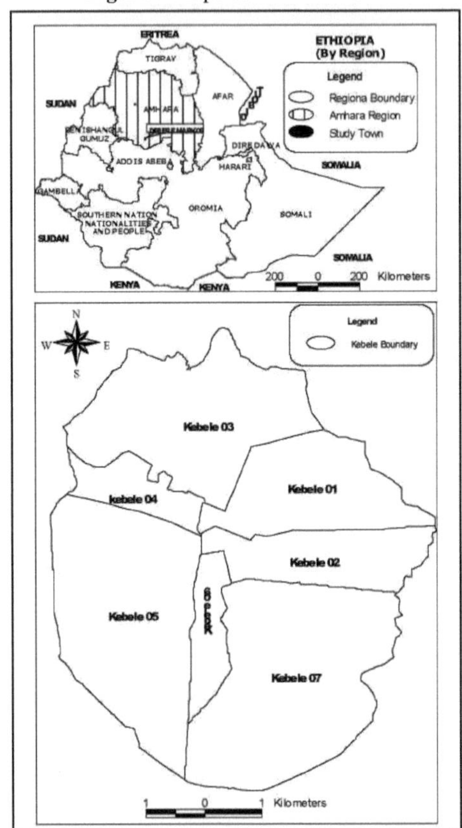

3.1.2 Drenagem

A cidade é drenada por quatro rios - *Ahahim, Wusseta, Wuterin* e *Chemoga*. Todos eles correm em direção à parte sul da cidade. *Ahahim* e *Wusseta* drenam a parte oriental, enquanto o rio *Wuterin* drena a parte ocidental. A parte sul da cidade é drenada pelo rio *Chemoga*. A flutuação sazonal manifesta-se fortemente nestes rios. Para além destes rios, existe também um poço de água subterrânea na parte sudoeste da cidade, cuja profundidade varia entre 75 e 95 metros.

3.1.3 Clima

Situada a maior altitude, acima dos 2400 metros, a cidade tem um clima temperado (*Woina Dega).* O clima geral é altamente afetado pela sua altitude acima do nível do mar.

Precipitação: - A cidade de Debre Markos recebe uma precipitação média anual de 1307 mm. Como em muitos locais no noroeste da Etiópia, a principal estação chuvosa da cidade é o verão (*kiremet*) e chove pouco na primavera (*belg*). A cidade recebe 70% da sua precipitação média anual durante o verão. De facto, Debre Markos recebe relativamente melhor quantidade de chuva na primavera do que a maioria das vilas e cidades no norte da Etiópia (MSDT, 2007).

Temperatura: - a cidade tem uma temperatura média de 16^0 c. A temperatura média anual máxima atinge cerca de $22{,}3^0$ c e a mínima até $10{,}1^0$ c. Em geral, a cidade regista temperaturas relativamente mais elevadas na primavera e no inverno (160 - 170 c) e temperaturas médias mais baixas nas outras duas estações - verão e outono - que rondam os 15^0 c. Em suma, a temperatura da cidade situa-se maioritariamente entre 16^0 c e 20^0 c. Os ventos de Páscoa são os ventos dominantes na maior parte das estações do ano. Assim, a localização dos poluentes (fumos e emissões de poeiras) deve situar-se de preferência no extremo ocidental da cidade. É claro que não existe nenhuma fonte de poluição atmosférica mencionável, exceto o matadouro que se encontra na parte sudeste da cidade.

3.1.4 Geologia

Os principais materiais de construção utilizados na cidade são o basalto, a areia e a argila. A cidade dispõe de uma quantidade suficiente de basalto de boa qualidade e acessível, pelo menos para satisfazer a procura local. A areia também é de boa qualidade, mas está disponível em quantidade relativamente menor do que o basalto. A argila encontra-se em muitas zonas da cidade. A argila tem boa qualidade e, por conseguinte, existe um bom potencial para expandir as empresas de fabrico de tijolos na zona.

3.2 Cenário histórico (Fundação da cidade)

Antes de um século e meio atrás, *o Dejazmach Tedla Gualu* governava Gojjam. Durante este período, ou mais exatamente, em 1853, *o Dejazmach Tedla* fundou *Menkorer* (o nome anterior de Debre Markos). No ano de 1881, foi construída a primeira igreja *de São Markos* para prestar serviços espirituais aos habitantes. Um ano mais tarde, a cidade passou a chamar-se Debre Markos (Município da cidade, 2007).

Durante o regime de Dergue, a cidade foi dividida em 11 kebeles e era a capital de Gojjam. A principal razão para a escolha de Debre Markos como capital da então região de Gojjam deveu-se a duas razões principais. Em primeiro lugar, a área era adequada para fins militares e, em segundo lugar, estava livre de doenças tropicais como a malária. A área total da cidade durante a sua criação era de 272 hectares. Atualmente, a cidade está dividida em 7 kebeles e é governada por um conselho municipal.

3.3 Contexto socioeconómico

3.3.1 Caraterísticas demográficas

A composição demográfica da área de estudo inclui a dimensão da população e a estrutura idade-sexo, a composição étnica e a religião, o estado civil e a dimensão do agregado familiar, bem como o nível de instrução dos habitantes.

3.3.1.1 Tamanho e idade da população - Estrutura dos sexos

O recenseamento da população e da habitação da Etiópia indicou que a população da cidade era de 80 116 habitantes em 1998. Deste total, 36853 (46%) são homens e 43263 (54%) são mulheres, com uma taxa de crescimento populacional de 4,1% por ano. A estrutura etária da população da cidade é dominada pelos adultos (15 - 59 anos) que constituem 56,15%. Este facto pode dever-se, em parte, à migração de pessoas com capacidade de trabalho das *Woredas* circundantes em busca de emprego e, em parte, para obterem diferentes serviços sociais como educação, serviços de saúde, etc. Os jovens (0-14 anos) e os idosos (60 anos ou mais) representam 35,94% e 7,91%, respetivamente. As taxas de dependência dos jovens, dos idosos e total da cidade são de 64%, 14,1% e 78,1%, respetivamente.

3.3.1.2 Composição étnica e religião

A cidade é predominantemente habitada pelo grupo étnico Amhara, que constitui 97,12%, Tigray (1,29%), Oromo (0,67%), Agaw (0,56%) e outros (0,35%). Em termos de religião, a maioria dos habitantes da cidade (95,56%) são cristãos ortodoxos. Por outro lado, os muçulmanos, os protestantes e os católicos constituem 1,97%, 1,16% e 0,29%, respetivamente. Os restantes 0,02% dos habitantes da cidade são seguidores de outras religiões.

3.3.1.3 Estado civil e dimensão do agregado familiar

O estado civil da população da cidade indica que a maioria é solteira, o que representa 62,96%. As famílias casadas, viúvas e divorciadas constituem 27,84%, 5,56% e 3,64%, respetivamente. A dimensão do agregado familiar é de 6,0 pessoas.

3.3.1.4 Nível de escolaridade

O nível de instrução dos habitantes revela que 79,5% são alfabetizados, enquanto os restantes 17,1% são analfabetos e os que sabem ler e escrever constituem 3,4%. Quando vemos a questão em pormenor, 2,2% estão no nível do jardim de infância, 42,2% no primário (18), 23% no secundário (9-10), 15,9% no preparatório, 5,4% no certificado, 8,8% no diploma, 2,5% são titulares de bacharelato ou superior.

3.3.2 Caraterísticas socioeconómicas

O panorama socioeconómico dos habitantes inclui a situação de emprego, a distribuição do rendimento do agregado familiar, o cabaz de despesas e os serviços sociais em geral.

3.3.2.1 *Situação profissional*

A situação do emprego na cidade pode mostrar o nível de investimento, as actividades económicas e o nível de vida dos seus habitantes. O quadro seguinte apresenta a estrutura do emprego da população da cidade.

Quadro 3 Distribuição da população ativa por situação na profissão, 2007

Não.	Instituição/Organização	Masculino	Feminino	Total	Percentagem
1	Governo	634	382	1016	38.93
2	Não governamental	32	19	51	1.95
3	Trabalhador por conta própria	632	716	1348	51.65
4	Organização religiosa	33	14	47	1.8
5	Outros	59	89	148	5.67
Total		1390	1220	2610	100

Fonte: CECA (janeiro de 2007) Plano Diretor da Cidade de Debre Markos

3.3.2.2 Distribuição do rendimento do agregado familiar e cabaz de despesas

A distribuição dos rendimentos da população da cidade mostra que a maioria dos agregados familiares (37,72%) tem um rendimento anual entre 3601 e 7200 birr. A proporção seguinte relativamente mais elevada da população da cidade (27,49%) tem um rendimento familiar de 3600 e inferior. A percentagem da população da cidade com um rendimento anual do agregado familiar entre 7201 e 12000 birr e entre 12001 e 18000 birr é de 19,7% e 8,9%' respetivamente. O menor número (6,19%) de agregados familiares encontra-se na categoria de mais de 18000 birr (CECA, 2007).

Um olhar sobre o cabaz de despesas da cidade explica que a maior parte das despesas das famílias se destina à alimentação e às bebidas (55,55%). A proporção das despesas com vestuário e calçado ocupa o segundo lugar (19,34%). O orçamento familiar mais baixo foi consagrado ao alojamento (2,46%).

3.3.2.3 Serviços sociais

3.3.2.3.1 *Educação, saúde e serviços de telecomunicações*

Estes serviços determinam as actividades quotidianas dos habitantes. O quadro seguinte apresenta o número de estabelecimentos de ensino e de saúde em função do tipo de propriedade.

Quadro 4 Número de estabelecimentos de ensino e de saúde, 2007

Não.	Instituições	O W N E R S H I P			Total
		Privado	Governo	Outros	
1	Instituições de ensino				
	- Universidade	-	1	-	1
	- Faculdade	3	1	-	4
		-	1	-	1
	- Escola técnica	-	1	-	1
	- Escola preparatória	-	3	-	3
	- Escola secundária	6	9	-	15
	- Escola primária (1-8)	6	7	-	13
	- Jardim de infância				
	Total	**15**	**23**	**-**	**38**
2	Instituição de saúde				
	• Hospital		1		1
	• Centro de saúde	-	1 2		1
	• Clínica	-	-	-	6
	• Farmácia	4	-	- - - -	2
	• Farmácia para animais	2		1	1
	• Cruz Vermelha	1	-		1
	Total	7	4	1	12

Fonte: CECA (janeiro de 2007). Relatório do Plano Diretor da Cidade de Debre Markos

No que respeita às telecomunicações, a cidade é beneficiária desde 1963. Atualmente, a cidade dispõe também de cobertura de telefonia móvel a partir da estação de Bahir Dar. A cidade tem 26 telefones públicos com caixa de moedas. Muitos deles estão concentrados em torno do gabinete de telecomunicações e alguns estão situados em zonas de serviço público como a estação de autocarros, o hospital e a escola de formação de professores, etc.

3.3.2.3.2 *Instituições financeiras*

Para melhorar o desempenho das empresas do sector privado, a presença de instituições financeiras tem um papel fundamental. Na cidade de Debre Markos existem quatro bancos. Entre estes, três são bancos públicos. Trata-se do Commercial Bank of Ethiopia, do Business and Construction Bank e do Development Bank of Ethiopia. O único banco privado existente na cidade é o Abyssinia Bank.

3.3.2.3.3 *O mercado principal*

O principal mercado da cidade está situado no centro da cidade, perto da estação de autocarros (na kebele 01). Esta é a razão pela qual um grande número de microempresas em geral e actividades comerciais em particular estão concentradas nesta kebele do que noutras. O principal dia de mercado semanal é todos os sábados, havendo também algumas trocas nos restantes dias da semana. As principais trocas são de produtos agrícolas, como cereais, legumes, sementes oleaginosas, mel e manteiga. As trocas de mercadorias como produtos de plástico, têxteis, diferentes produtos de artesanato, etc. são também importantes no mercado.

3.3.2.3.4 A situação económica existente na cidade

No que diz respeito à situação económica da cidade, os dados disponíveis revelam que a cidade está a tornar-se uma zona de concentração de comércio, serviços e outros sectores de investimento. Estas actividades são exercidas com ou sem o reconhecimento prévio da administração municipal e de outros órgãos legais competentes. A questão da licença tem, de facto, um impacto significativo no montante das receitas que um município pode gerar.

Na cidade de Debre Markos existem 1366 actividades licenciadas. Do total de actividades licenciadas, o comércio constitui 70% (957), a indústria transformadora 12% (170), os serviços técnicos similares 10% (140) e os serviços de restauração e bebidas 7% (99).

O quadro seguinte apresenta uma breve descrição do comércio autorizado, das actividades técnicas como os serviços, os serviços de restauração e bebidas e a indústria transformadora, na cidade.

Quadro 5 Actividades licenciadas na cidade de Debre Markos até ao 2nd trimestre de 2000 E.C.

Não.	Tipo de actividades	Número	Categoria
1	Casa de chá/café,	22	
2	Hotéis e bares	53	
3	Talho	21	
4	"Tej" aposta	3	
5	Manutenção de rádios e cassetes	10	
6	Garagem, Gomista	5	
7	Fotografia	10	
8	Salão de beleza	12	
9	Manutenção de motores e bicicletas	4	Serviços
10	Alfaiate	56	
11	Barbearia (cabeleireiro)	25	
12	Gari	11	
13	Clínicas	4	
14	Lavandaria	3	

	Subtotal	239	
1	Cosméticos e produtos de beleza Produtos hortícolas e frutas	14	
2 3 4 5 6 7 8 9 10 11 12 13 14 15 16 17	Papelaria comercial "Atana Vestuário (1st hand & 2nd hand) Comércio retalhista de café Lojas de música "Dir and Mags" Mel e manteiga Peças sobresselentes Sapatarias Especiarias Comércio de sacos Materiais de construção Comércio de cereais Alimentos e detergentes Farmácia Comércio de algodão	19 49 8 182 6 17 33 16 9 28 44 2 7 56 457 2 8	Comércio
	Subtotal	957	
1 2 3 4 5 6 7	Moinhos (transformação de farinha) Moinhos de óleo alimentar Trabalhos em madeira Trabalho em metal Casa de sumos (Chimaki bet) Casa de fotocópias e tipografia Padaria Fabrico de blocos e de tijolos Artesanato	26 19 28 17 13 31 22 2 12	Fabrico
	Subtotal	170	
	Total geral	1366	

Fonte: Gabinete de Comércio e Indústria da cidade de Debre Markos, 2008

A atividade económica licenciada dominante na cidade é o comércio (trade) seguido da indústria transformadora. Do total dos comerciantes, 80% (766), e do sector da indústria transformadora 84,7% (144), dos serviços de alimentação e bebidas 56,6% (56), e 81,4% (114) dos serviços de tipo técnico iniciaram a sua atividade antes de 1999 E.C. com um número registado de trabalhadores inferior ou igual a 10. Aqui, os prestadores de serviços são desagregados em serviços de alimentação e bebidas e serviços de tipo técnico pelo investigador, de acordo com a classificação efectuada pelo CSA (2002) (ver anexo 1)

CAPÍTULO 4

DESCRIÇÃO DO PERFIL E DAS CARACTERÍSTICAS DOS OPERADORES DAS EMPRESAS DA AMOSTRA

4.1 CARACTERÍSTICAS DEMOGRÁFICAS DOS OPERADORES

4.1.1 Idade, sexo e estado civil dos operadores

As caraterísticas demográficas de um empresário têm um papel importante no desempenho das empresas. Dolman (1994), no seu estudo sobre o Quénia, encontrou quatro factores que afectam a capacidade empresarial, entre os quais as caraterísticas demográficas: idade, sexo, estado civil, nível de educação e outros.

Por isso, foram preparadas perguntas para avaliar as caraterísticas demográficas dos operadores de EM licenciados nas 7 kebeles da cidade. O resultado do inquérito mostra que cerca de 55% (89) dos operadores se encontravam na categoria etária dos 15 aos 30 anos. A segunda maior percentagem, 38% dos operadores, situava-se no grupo etário entre 31 e 45 anos. Isto significa que a maior parte das EM é gerida por jovens e adultos economicamente activos. Apenas 2 operadores (1,2%) tinham mais de 64 anos.

No que diz respeito ao estado civil, quase metade dos inquiridos (49,5%) eram solteiros ou nunca casaram. Uma boa parte dos inquiridos (40%) era casada, o que indica que o número de pessoas com família e responsabilidades neste sector é significativo. E, entre os casados, a maioria (59%) situa-se na faixa etária dos 31-45 anos. Os números de viúvos e divorciados são iguais (9 cada).

Quadro 6 Idade, sexo e estado civil dos operadores

			Estado civil				
			Individual	Casado	Viúva	Divorciado	Total
Categoria de idade	15 - 30	Contagem	66	20	3	0	89
		% no estado civil	82.5%	31.3%	33.3%	0%	54.9%
	31 - 45	Contagem	13	37	5	7	62
		% no estado civil	16.3%	58.8%	55.6%	77.8%	38.3%
	46- 64	Contagem	1	5	1	2	9
		% no estado civil	1.3%	7.8%	11.1%	22.2%	5.6%
	> 64	Contagem	0	2	0	0	2
		% no estado civil	0%	3.1%	0%	0%	1.2%
	Total	Contagem	80	64	9	9	162
		% no estado civil	100%	100%	100%	100%	100%
	Idade mínima						16
	Idade máxima						66
Género	Masculino	Contagem	49	36	6	5	96
		% no estado civil	60.5%	57.1%	66.7%	55.6%	59.3%
	Feminino	Contagem	32	27	3	4	66
		% no estado civil	39.5%	42.9%	33.3%	44.4%	40.7%
Total		Contagem	81	63	9	9	162
		% no estado civil	100%	100%	100%	100%	100%

Fonte: Inquérito de campo, 2008

Quanto ao género dos empresários, quase 60% (96 em 162) eram homens, enquanto os restantes 40% (66 em 162) eram mulheres, o que demonstra que existe uma diferença entre homens e mulheres na participação em microempresas. A diferença entre o número de homens e mulheres neste sector pode ser atribuída à menor participação das mulheres nas actividades de fabrico e técnicas que requerem uma força física forte. Além disso, as crenças sócio-culturais de que as mulheres não podem trabalhar neste sector podem limitar a sua participação. Deve, no entanto, notar-se que a venda ambulante e os "gulits", onde a presença das mulheres parece relativamente elevada, foram excluídos da amostra. Vale a pena referir as conclusões de Tegegne e Mulat (2004), que fundamentam a ideia de que a participação das mulheres na produção e transformação é muito baixa.

Tabela 7 Tabulação cruzada do género com o tipo de atividade

Género		Tipo de atividade				Total
		Comé rcio	Técnica - como o serviço	Serviço de comida e bebida	Fabrico	
Masculino	Contagem	62	13	4	17	96
	% dentro do tipo de atividade	53.9%	76.5%	50%	77.3%	59.3%
Feminino	Contagem	53	4	4	5	66
	% por tipo de atividade	46.1%	23.5%	50%	22.7%	40.7%
Total	Contagem	115	17	8	22	162
	% por tipo de atividade	100%	100%	100%	100%	100%

Fonte: *Inquérito de campo, 2008*

4.1.2 Nível de escolaridade dos operadores

O nível educacional dos operadores é importante para o crescimento das suas empresas. Na maioria dos casos, os operadores de ME são caracterizados pelo seu analfabetismo e baixo nível de escolaridade (Srinivas, 2003). O resultado do inquérito sobre o nível de educação dos empresários mostra que exatamente metade deles (50%) completou o ensino secundário, o que indica que as ME são potencialmente espaços alternativos para aqueles que não podem ou possivelmente não querem prosseguir os estudos. A segunda maior parte dos operadores (25,9%) do sector tinha menos do que o ensino secundário. 8,6% (14) dos operadores eram analfabetos e muitos deles, para ser preciso, 12 (de 14) exerciam actividades comerciais. Cerca de 9% dos inquiridos indicaram que possuem um certificado. Três indivíduos dos sectores do comércio, da alimentação e bebidas e das actividades de tipo técnico possuem um diploma universitário. Um pequeno número de indivíduos (4,9%) possui um diploma. Esta constatação pode confirmar o facto de que as microempresas não requerem competências especiais para se envolverem nelas. Assim, afirma-se que o sector é um sector de mão de obra intensiva, devido aos requisitos relativamente baixos em termos de educação.

Tabela 8 Tabulação cruzada do grau de instrução dos operadores com o tipo de atividade

Nível de educação		Tipo de atividade				
		Comé rcio	Serviço de tipo técnico	Serviço de comida e bebida	Fabrico	Total
Analfabeto	Contagem	12	0	0	2	14
	% no âmbito das actividades-tipo	10.4%	0%	0%	9.1%	8.6
Abaixo do ensino secundário	Contagem	29	5	3	5	42
	% por tipo de atividade	25.2%	29.4%	37.5%	22.7%	25.9%
Conclusão do ensino secundário	Contagem	58	9	3	11	81
	% no âmbito das actividades-tipo	50.4%	52.9%	37.5%	50.0%	50.0%
Certificado	Contagem	10	1	1	2	14
	% por tipo de atividade	8.7%	5.9%	12.5%	9.1%	8.6%
Diploma	Contagem	5	1	0	2	8
	% por tipo de atividade	4.3%	5.9%	0%	9.1%	4.9%
Grau	Contagem	1	1	1	0	3
	% por tipo de atividade	0.9%	5.9%	12.5%	0%	1.9%
Total	Contagem	115	17	8	22	162

4.2 Situação da migração

O estudo revela que cerca de dois quintos dos operadores (39%) são imigrantes na cidade, enquanto os restantes 61% nasceram na cidade. Os motivos invocados pelos migrantes para a cidade são quatro. Uma boa parte deles (39%) indicou a educação como motivo. A proporção dos que vieram por motivos de emprego, casamento e visita a familiares foi de 22,2%, 20,6% e 17,5%, por esta ordem. Desagregando os imigrantes em função da sua atividade, muitos dos operadores imigrantes da indústria transformadora vieram por razões de emprego e de educação, em partes iguais (50%). No caso dos serviços de alimentação e bebidas, os factores de atração dos imigrantes foram a presença de familiares e os serviços de educação. No outro par de actividades, ou seja, o comércio e as actividades de tipo técnico, os factores foram muitos, embora a maioria deles tenha vindo por motivos de educação. Embora uma grande parte (63 em 162) dos operadores tenha nascido fora da cidade em que exerce a sua atividade, tem uma longa residência (13 anos em média). Isto pode ajudá-los a compreender as caraterísticas das necessidades dos habitantes em geral e o clima comercial da sua empresa em particular. Desagregando os dados por género, a maioria dos imigrantes (70%) era do sexo masculino, enquanto os restantes 30% eram do sexo feminino.

Quadro 9 Estatuto de migração dos operadores e motivos da sua vinda .

			Tipo de atividade				Total
			Comércio	Serviço de tipo técnico	Serviço de comida e bebida	Fabrico	
É migrante?		Sim	47	8	2	6	63
		Não	68	9	6	16	99
Razões para vir à cidade	Devido ao casamento	Contagem	12	1	0	0	13
		% dentro de typeof atividade	25.5%	12.5%	0%	0%	20.6%
	Para emprego	Contagem	9	2	0	3	14
		% dentro de typeof atividade	19.1%	25%	0%	50%	22.2%
	Para visitar familiares	Contagem	8	2	1	0	11
		% dentro de typeof atividade	17.0%	25%	50%	0%	17.5%
	Para a educação	Contagem	18	3	1	3	25
		% dentro de typeof atividade	38.3%	37.5%	50%	50%	39.7%
Total		Contagem	47	8	2	6	63
		% dentro de typeof atividade	100%	100%	100%	100%	100%

Fonte: Inquérito de campo, 2008

4.3 Idade das empresas

A análise da idade (duração do estabelecimento) das empresas é um dos interesses deste estudo. Os dados deste estudo mostraram que um pouco mais de metade das empresas (51%) tinham uma idade compreendida entre 1 e 4 anos e que a maioria das empresas do sector da indústria transformadora (68%) e dos serviços de tipo técnico (71%) se encontrava nesta categoria de idade. Seguem-se 29% e 11,7% das empresas com 4,01 a 7 anos e 7,01 a 10 anos de atividade, respetivamente. Uma proporção muito pequena das empresas (3,7%) estava a funcionar entre 10,01 e 13 anos, enquanto as restantes 4,3% iniciaram a sua atividade antes dos 13 anos.

Quadro 10 Idade das empresas

Idade	Tipo de atividade								Total	
	Comércio		Serviços de tipo técnico		Serviço de alimentação e bebidas		Fabrico			
	Contagem	Col. %	Contagem	Col. %	Contagem	Col. %	Contagem	Col. %	Casal	col.%
< 4 anos	53	46.1%	12	70.6%	3	37.5%	15	68.2%	83	51.2%
4.01 - 7anos	38	33%	4	23.5%	1	12.5%	4	18.2%	47	29%
7.01 - 10 anos	15	13%	0	0%	2	25%	2	9.1%	19	11.7%
10.01 - 13 anos	4	3.5%	1	5.9%	1	12.5%	0	0%	6	3.7%
> 13 anos	5	4.3%	0	0%	1	12.5%	1	4.5%	7	4.3%
Total	115	100%	17	100%	8	100%	22	100%	162	100%

4.4 CARACTERÍSTICAS ESPECÍFICAS DAS MICROEMPRESAS

4.4.1 Experiência anterior dos empresários

Uma das caraterísticas das MEs é a sua capacidade de absorver pessoas com experiência ou formação anterior variada (Holmer, 1997). Relativamente a este aspeto, os operadores de EM foram questionados sobre a sua experiência anterior e o resultado revela que provêm de diferentes áreas de formação.

Quadro 11 Experiência anterior dos operadores

Experiência anterior	Frequência	Percentagem
Aprendizagem (na escola)	54	33.3%
Desempregado (depois de deixar a escola)	17	10.5%
Desempregado (soldado reformado)	11	6.8%
Trabalhador diário	9	5.6%
Empregado numa atividade semelhante	24	14.8%
Empregado numa atividade não relacionada	21	13.0%
Trabalhar no sector público	9	5.6%
Trabalhar numa empresa familiar não remunerada	17	10.5%
Total	162	100%

Fonte: Inquérito de campo, 2008

Os novos operadores dominam os negócios das microempresas, uma vez que os operadores anteriores ao seu negócio atual eram estudantes (a aprender na escola) (33,3%), desempregados depois de deixarem a escola (10,5%), a trabalhar em negócios familiares não remunerados (10,5%), desempregados (soldados reformados) (6,8%), trabalhadores por conta de outrem (5,6%) e aqueles que trabalhavam no sector público (5,6%). Estes novos operadores podem ter problemas em estabelecer uma reputação na sua atividade. Cerca de 15% dos operadores tinham experiência anterior e tinham trabalhado num negócio semelhante antes de iniciarem este negócio, enquanto outros 13% trabalharam num ramo de atividade diferente. Assim, apenas um pequeno número de operadores pode trazer experiência anterior para a sua atividade atual.

Dolman (1994), no seu estudo sobre o Quénia, constatou que as empresas empregadas e geridas por empresários anteriormente empregados em empresas semelhantes têm taxas de crescimento muito mais elevadas do que as empresas pertencentes e geridas por pessoas que saem do desemprego, dos serviços públicos e da agricultura. Este facto demonstra que a experiência anterior é importante para o sucesso de uma empresa do sector das PME.

4.4.2 Estatuto dos inquiridos e profissão dos pais

Tal como indicado na literatura, as microempresas implicam unidades geradoras de rendimentos muito pequenas, detidas e geridas por empresários que trabalham nelas próprias e empregam poucas pessoas, dependendo principalmente de membros da família e geridas com pouco capital (Levitsky, 1981). Para verificar isto, foram preparadas perguntas para avaliar o estatuto dos inquiridos. Os resultados mostram que a maior parte dos inquiridos (60%) eram proprietários. O filho/filha do proprietário, a mulher/marido do proprietário, o irmão/irmã do proprietário representam cerca de 14%, 6% e 2%, respetivamente. Isto pode ser indicativo do facto de a mão de obra familiar (composta por proprietários que trabalham mais membros da família não remunerados com envolvimento ativo na empresa) ser a fonte de trabalho mais importante para a maioria das microempresas. Uma proporção muito pequena dos inquiridos (11%) era constituída por trabalhadores sem laços de sangue com os proprietários. Isto pode dever-se ao facto de a mão de obra familiar não remunerada ajudar as microempresas a minimizar os seus custos de funcionamento ou, provavelmente, ao facto de darem prioridade à confiança no seu parentesco em vez da competência. As conclusões de Tegegne e Mulat (2004) também confirmam que uma pequena proporção de trabalhadores era contratada. O seu estudo mostra que cerca de 74% do total de trabalhadores eram familiares e os restantes 26% eram trabalhadores contratados.

Quadro 12 Estatuto dos inquiridos

Estatuto dos inquiridos	Frequência	Percentagem
Proprietário	97	59.9%
Filho / filha do proprietário	22	13.6%
Mulher / marido do proprietário	10	6.2%
Irmão / irmã do proprietário	3	1.9%
Empregado	17	10.5%
Trabalhador da cooperativa	2	1.2%
Gestor da cooperativa	11	6.8%
Total	162	100%

Fonte: Inquérito de campo, 2008

É surpreendente o facto de a maioria dos operadores (39%) provir de pais cuja profissão era a agricultura, o que indica que é menos provável que a maioria dos microempresários provenha de famílias com antecedentes empresariais. Cerca de um quarto dos operadores (24%) provém de pais cuja subsistência se baseia no trabalho em instituições governamentais. Os restantes 28,4%, 4,3%, 3,7% e 0,6% provinham de pais cuja profissão era o comércio, a prestação de serviços de carácter técnico, o fornecimento de alimentos e bebidas e a indústria transformadora, por esta ordem.

E, mais uma vez, o resultado da tabulação cruzada indica que estes empresários licenciados não seguiram as pisadas dos seus pais. Por exemplo, os que se dedicam a serviços de carácter técnico são filhos de pais cuja profissão não se enquadrava totalmente nos serviços de carácter técnico (a maior parte dos seus pais eram funcionários públicos). O mesmo se aplica às empresas que se dedicam a actividades transformadoras cujos pais trabalhavam na agricultura (41%), nos serviços técnicos (9%) e nos serviços de alimentação e bebidas (9%). Por conseguinte, é perfeitamente possível afirmar que estas pessoas têm menos probabilidades de obter dos pais conselhos férteis e baseados na experiência para melhorar as suas empresas.

Quadro 13 Tabulação cruzada da atividade dos empresários e dos pais

Ocupação

Atividade dos empresários		**Profissão dos pais**						Total
		Comércio	Serviços de carácter técnico	Serviços de alimentação e bebidas	Fabrico	Agricultura	Funcionários públicos	
Comércio	Contagem	37	5	1	1	49	22	115

	% por tipo de atividade	32.2%	4.3%	0.9%	0.9%	42.6%	19.1%	100%
Serviço de assistência técnica	Contagem	3	0	1	0	4	9	17
	% por tipo de atividade	17.6%	0%	5.9%	0	0%	52.9%	100%
Serviço de alimentação e bebidas	Contagem	3	0	2	0	1	2	8
	% por tipo de atividade	37.5%	0%	25%	0%	12.5%	25%	100%
Fabrico	Contagem	3	2	2	0	9	6	22
	% por tipo de atividade	13.6%	9.1%	9.1%	0%	40.9%	27.3%	100%
Total		46	7	6	1	63	39	162
		28.4%	4.3%	3.7%	0.6%	38.9%	24.1%	100%

Fonte: Inquérito próprio, 2008

4.4.3 Escolha profissional de um empresário

Tal como referido na literatura, existem duas abordagens ao aparecimento e expansão (factores motivacionais) dos empresários. Uma das abordagens encara este fenómeno como um resultado de melhores oportunidades para as pessoas, especialmente para os pobres, participarem de formas que os capacitem e alimentem. Quanto à segunda abordagem, por outro lado, é uma indicação do fracasso de uma economia em proporcionar empregos produtivos, forçando as pessoas a refugiarem-se em actividades que proporcionam um apoio substancial mínimo (Liedholm e Mead, 1999).

Embora possa não ser fácil resolver isto (e pode haver algum grau de verdade em ambos), neste estudo tentou-se obter alguma informação que pode lançar alguma luz sobre a questão no contexto da área de estudo (Debre Markos). Assim, perguntou-se aos operadores por que razão se dedicavam às suas actividades comerciais respectivas. As cinco respostas mais frequentes obtidas foram: "entrei para gerar rendimentos" (25,9%); "é a única coisa que posso fazer" (21%); "entrei para trabalhar por conta própria" (21%); "vi oportunidades lucrativas" (16,7%); e "os pais estão/estavam no negócio" (15,4%). É fácil compreender, a partir das respostas, que os factores de motivação são mais complexos do que os que poderiam ser explicados por uma ou outra das abordagens acima referidas.

De facto, a segunda resposta sugere claramente a incapacidade da economia de proporcionar outra oportunidade. No entanto, é de salientar que as pessoas que entraram na empresa para obter lucros constituem um sexto dos inquiridos. Isto pode mostrar que, muitas vezes, o lucro pode não ser a principal razão para aderir a microempresas.

Para aprofundar a questão, foi-lhes também perguntado qual era a sua área de interesse anterior à sua carreira atual. Cerca de dois terços dos operadores (67%) declararam que a sua área de interesse anterior estava totalmente fora deste sector (gestão de empresas de EM). As três áreas de interesse antes de entrarem no seu atual meio de subsistência eram trabalhar em organizações governamentais (90%) (99 em 110); ONG 8,2% (9 em 110); e outras organizações privadas 1,8% (2 em 110).
O interesse anterior da grande maioria dos inquiridos era tornar-se funcionário público. Isto pode, em certa medida, indicar a existência de uma crença sociocultural que é marcada pela baixa classificação associada ao envolvimento em actividades empresariais.

4.4.4 Mecanismos de aquisição da empresa

Uma grande parte dos empresários (73%) iniciou a sua atividade atual do zero. Isto pode dever-se ao facto de a maior parte deles não ter seguido as pisadas dos seus pais (uma vez que um número substancial ou, para ser mais preciso, 102 dos seus pais trabalhavam na agricultura e noutros trabalhos não relacionados). Essa parece ser a razão pela qual a aquisição por herança é baixa (21,6%). A outra forma pela qual os proprietários de ME adquiriram seus negócios foi a compra (5,6%). Este resultado é consistente com o resultado de Liedholm e Mead (1999) em seis países africanos. O seu estudo indicou que 87% dos proprietários iniciaram o seu negócio a partir do zero e 6% através de herança, 5,6% através da compra da empresa e os restantes 1,4% começaram a utilizar outros mecanismos. Para facilitar a compreensão, ver a figura abaixo.

Figura 2 Mecanismos de aquisição da empresa

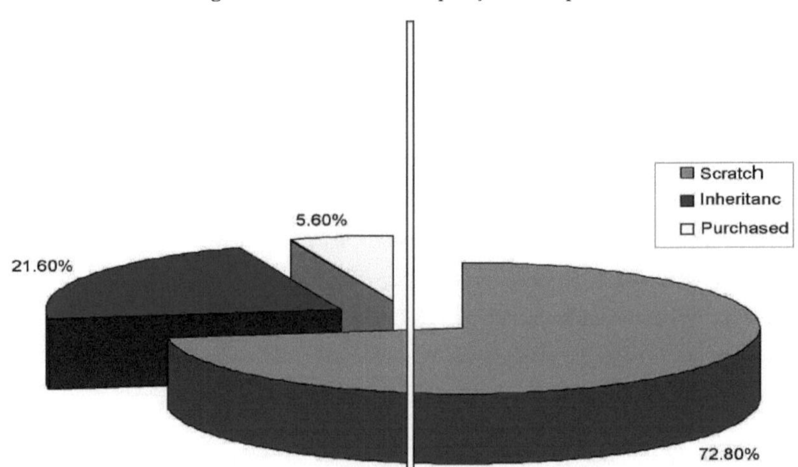

4.4.5 Localização das microempresas

Tal como indicado na literatura, os microempresários na Etiópia enfrentam sérios problemas na comercialização dos seus produtos, muitas vezes devido ao facto de estes operadores produzirem e tentarem comercializar os produtos em torno da herdade, limitando assim o seu mercado a compradores individuais ou à vizinhança intermédia (Estegenet, 2003; Gebrehiwot e Wolday, 2004). Para verificar este facto, os operadores de EM da amostra foram questionados sobre a localização do seu negócio. Exatamente metade dos operadores da amostra (50%) exerciam a sua atividade no mercado. A segunda maior percentagem dos inquiridos (49%) exercia a sua atividade na sua própria casa.

Sectorialmente, a maior parte dos operadores (57%) das actividades comerciais estava fortemente concentrada na zona do mercado da cidade. Pelo contrário, as pessoas que exerciam as restantes actividades estavam pouco ligadas ao mercado. Por exemplo, 82% dos estabelecimentos de fabrico, 75% das empresas de restauração e bebidas e 58,8% das empresas de prestação de serviços de carácter técnico estavam situadas em casa (longe do mercado), provavelmente devido à natureza do seu trabalho e à quantidade de terreno de que necessitam para expor os seus produtos.

Quadro 14 Tabulação cruzada da localização das empresas e do tipo de atividade

		Tipo de atividade				Total
A partir de onde é exercida a sua atividade		Comércio	Serviços de carácter técnico	Alimentação e bebidas	Fabrico	
Casa (fora do mercado)	Contagem	46	10	6	18	80
	% por tipo de atividade	40%	58.8%	75%	81.8%	49.4%
Mercado	Contagem	68	7	2	4	81
	% dentro do tipo de atividade	59.1%	41.2%	25%	18.2%	50%
Casa e mercado	Contagem	1	0	0	0	1
	% dentro do tipo de atividade	0.9%	0%	0%	0%	0.6%
Total	Contagem	115	17	8	22	162
	% dentro do tipo de atividade	100%	100%	100%	100%	100%

Fonte: Inquérito de campo, 2008

4.4.6 LIGAÇÃO DAS MICROEMPRESAS

As ligações das MPE podem ser vistas em termos de fontes de matérias-primas (inputs) e de principais clientes para os seus produtos, quer na cidade quer fora dela. Os resultados do inquérito sobre as fontes primárias de matérias-primas confirmam que um grande número de empresas obtém os seus inputs na cidade. Também dentro da cidade, os vendedores inteiros (grandes retalhistas) são a principal fonte (41,4%) de inputs, seguidos pelos agricultores e fornecedores retalhistas com 19% e 12%, por esta ordem.

Isto mostra que a ligação local para trás (fornecimento de factores de produção a estas empresas por outros sectores) é mais forte do que a externa - que é de apenas 27,2%. Procurou-se igualmente conhecer o tipo de mecanismos de aquisição de factores de produção que utilizam junto dos seus clientes. Quase três quartos dos operadores compram os seus factores de produção principalmente a dinheiro, enquanto 16,7% e 8,6% dos operadores o fazem tanto a dinheiro como a crédito e apenas a crédito, respetivamente. Surpreendentemente, ninguém referiu a prática de troca direta, o que indica o desaparecimento do mecanismo de troca tradicional entre os microempresários licenciados.

Quadro 15 Fontes primárias de factores de produção e principais clientes das microempresas

Fonte primária de matérias-primas	Tipo de atividade								Total	
	Comércio		Serviço técnico		Serviço de alimentação e bebidas		Fabrico			
	Contagem	Col. %	Contagem	Col. %	Contagem	Col. %	Contagem	Col. %	Contar col.	
Retalhistas da cidade	10	8.7%	7	41.2%	2	25%	1	4.5%	20	12.3%
Grossistas da cidade	51	44.3%	5	29.4%	2	25%	9	41%	67	41.4%
Agricultores	15	13%	4	23.5%	1	12.5%	11	50%	31	19.1%
Retalhistas fora da cidade	3	2.9%	0	0%	0	0%	0	0%	3	1.9%
Grossistas fora da cidade	36	31.3%	1	15.9%	3	37.5%	1	4.5%	41	25.3%
Total	115	100%	17	100%	8	100%	22	100%	162	100%

Principais clientes	Utilizadores privados	103	89.6%	17	100%	8	100%	18	81.8%	146
	Retalhista mais pequeno e da mesma dimensão na cidade	2	1.7%	0	0%	0	0%	1	4.5%	3
	Os pequenos retalhistas e os retalhistas da mesma dimensão fora da cidade	8	7%	0	0%	0	0%	2	9.1%	10
	Projectos governamentais	2	1.7%	0	0%	0	0%	1	4.5%	3
Total		115	100%	17	100%	8	100%	22	100%	162

Fonte: Inquérito de campo, 2008

Figura 3 Fonte primária de factores de produção

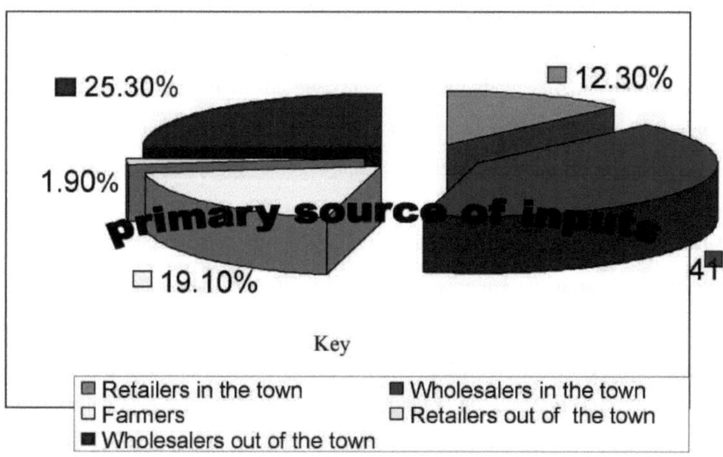

Relativamente aos principais clientes das empresas, a esmagadora maioria (90%) referiu que os seus principais clientes são particulares. Isto indica que as suas ligações a prazo (vendas ou prestação de serviços de MEs a outros sectores) com retalhistas e empresas da mesma dimensão fora da cidade são negligenciáveis. Em termos relativos, o comércio e a indústria transformadora são os sectores que têm uma melhor ligação com o exterior. No que diz respeito aos outros dois tipos de atividade, os únicos clientes principais de ambos os prestadores de serviços eram utilizadores privados.

Em suma, esta conclusão corrobora o facto de as PME terem pouco acesso a mercados fora das suas áreas locais, o que pode ser determinante para o seu crescimento. Para maior clareza, veja-se a figura seguinte.

Figura 4 Principais clientes das MEs

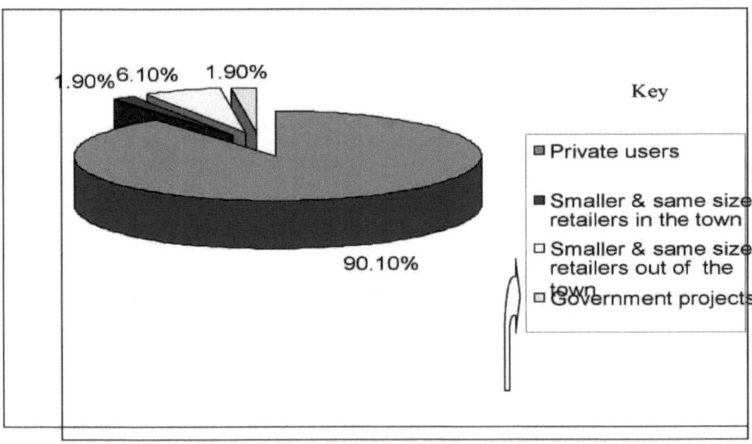

4.4.7 Fontes de investimento inicial

No que respeita às fontes de capital inicial, a principal fonte de fundos para o investimento inicial é a poupança própria (48%). A segunda maior percentagem dos inquiridos (29%) indicou os amigos (familiares) como fonte de investimento inicial, o que significa a importância do capital social na criação de uma empresa. Estas duas fontes, em conjunto, constituem as principais fontes de capital inicial para mais de 76% dos estabelecimentos, seguidas de 11% e 9% que herdaram das suas famílias e de empréstimos de instituições de poupança e crédito. A importância dos bancos como fonte de financiamento para a criação de empresas não foi significativa (3%). Isto é consistente com as conclusões de Elias (2005) em Awassa, que revelou que 47,5% e 33,9% dos operadores iniciaram a sua atividade utilizando poupanças próprias e empréstimos de familiares (amigos), respetivamente. Isto também coincide com o estudo de Liedholm e Mead (1999) em alguns países africanos, que revelou que a grande maioria das fontes de capital inicial dos empresários eram poupanças pessoais e empréstimos de familiares/amigos.

4.4.8 Méritos e deméritos das microempresas licenciadas

Os operadores foram questionados sobre os méritos e deméritos de ter uma licença. No que diz respeito aos méritos da licença, os resultados são surpreendentes: cerca de 69,5% dos inquiridos afirmaram que a sua licença não lhes trouxe qualquer vantagem.

Os restantes 30,5% identificaram vários tipos de benefícios. Entre os benefícios, foram referidos os seguintes: "Não teria de me esconder dos funcionários do governo (liberdade)" (17%), "Criou oportunidades para obter capital de exploração e empréstimos de instituições financeiras" (6,9%), "Criou oportunidades de formação" (2,5%), "Disponibilização de instalações" (3,1%), "Criação de mercado e serviços promocionais" (2%). Isto demonstra que a maioria dos inquiridos não obteve um apoio sólido em virtude da sua licença, quer do governo local, quer de outras instituições, o que pode indicar a ausência de instalações institucionais suficientes para fomentar o crescimento das microempresas licenciadas.

No que diz respeito às desvantagens de ter uma licença, uma proporção substancial dos operadores (59%) disse que não tem qualquer desvantagem. Contrariamente ao argumento comum de que ser titular de uma licença tem a desvantagem de pagar impostos (Hailey, 2003), o resultado desta conclusão revela que a maior parte dos inquiridos (66%) não tem problemas em pagar impostos (não o considera um demérito de ser titular de uma licença). Cerca de 34% dos inquiridos declararam-no como uma desvantagem. Os restantes (7%) dos inquiridos referiram como demérito os constrangimentos burocráticos relacionados com a renovação da licença. Isto é consistente com o inquérito efectuado nos países em desenvolvimento que mostra a presença do problema das burocracias discricionárias nas micro e pequenas empresas (Banco Mundial, 1997)

CAPÍTULO 5

DESEMPENHO ECONÓMICO DAS MICROEMPRESAS

5.1 Capital inicial e atual das empresas

O capital das MEs na área de estudo é estudado a partir de duas perspectivas, o capital inicial e o capital atual. O capital inicial refere-se ao montante de capital com que uma empresa foi iniciada, enquanto o capital atual é o nível de capital atualmente atingido pela empresa.

Quadro 16 Capital de investimento inicial das empresas

Categoria de investimento inicial	Tipo de atividade								Total	
	Comércio		De tipo técnico serviços		Serviço de alimentação e bebidas		Fabrico			
	Contagem	Col. %	Contagem	Col. %	Contagem	Col. %	Contagem	Col. %	contagem	Col.%
< 2000	32	27.8%	7	41.2%	1	12.5%	10	45.5%	50	30.9%
2000.01 - 5000	77	67%	9	52.9%	7	87.5%	10	45.5%	103	63.5%
5000.01 - 8000	4	3.5%	0	0%	0	0%	1	4.5%	5	3.1%
8000.01 - 11000	2	1.7%	1	5.9%	0	0%	0	0%	3	1.9%
11000.01 - 20000	0	0%	0	0%	0	0%	1	4.5%	1	0.6%
Total	115	100%	17	100%	8	100%	22	100%	162	100%

Fonte: Inquérito de campo, 2008

O capital inicial da maioria das empresas é baixo. Quase um terço de todas as empresas (31%) tinha um capital de investimento inicial inferior a 2000 Birr, enquanto a maior parte das empresas (64%) tinha iniciado a sua atividade com um capital inicial entre 2000,01 e 5000 Birr. Apenas uma empresa da indústria transformadora tinha o capital mais elevado, superior a 11000. Os montantes mínimo e máximo foram de 865 e 15700 Birr, respetivamente. A figura abaixo demonstra claramente o capital inicial das empresas dividido por tipo de atividade.

Figura 5 Capital inicial das empresas

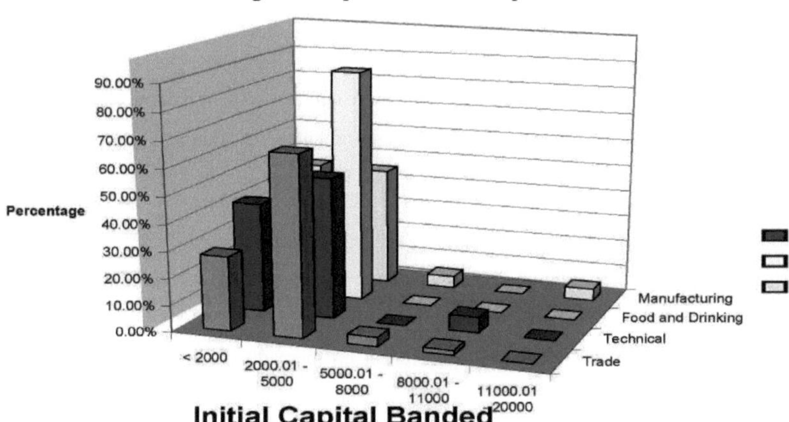

O capital atual das empresas foi solicitado para ver a mudança no crescimento das empresas em termos de capital. No entanto, a recolha de dados relativos ao capital atual não foi uma tarefa fácil. Isto significa que, embora os inquiridos pudessem fornecer informações sobre o seu capital atual, estas podem não ser tão exactas como os números fornecidos no caso do capital inicial. O capital atual na categoria de dimensão até 7000 Birr é indicado por quase 28% das empresas. 24,1% e 17,3% das empresas têm um capital atual que varia entre 7000,01-10000 e 10000,01-13000 Birr, respetivamente. Um olhar atento sobre as empresas revela que se observou uma mudança relativamente significativa na proporção do capital inicial investido e no montante do capital atual nos sectores dos serviços de restauração e bebidas e da indústria transformadora.

Quadro 17Montante de capital atual por categoria de empresa

Categoria de investimento inicial (em Birr)	Tipo de atividade								Total	
	Comércio		Serviço técnico		Serviço de alimentação e bebidas		Fabrico			
	Contagem	Col. %	Contagem	Col. %	Contagem	Col. %	Contagem	Col. %	Cou	col..%
< 4000	3	2.6%	3	17.6%	0	0%	0	0%	6	3.7%
4000.01 - 7000	26	22.6%	7	41.2%	2	25%	4	18.2%	39	24.1%
7000.01 - 10000	28	24.4%	1	5.9%	2	25%	9	40.9%	40	24.7%
10000.01 - 13000	19	16.5%	4	23.5%	1	12.5%	4	18.2%	28	17.3%
>13000	39	33.9%	2	11.8%	3	37.5%	5	22.7%	49	30.2%
Total	115	100%	17	100%	8	100%	22	100%	162	100%

Fonte: Inquérito de campo, 2008

5.2 Ambiente empresarial geral

5.2.1. Concorrência entre microempresas

É interessante conhecer a situação da concorrência entre operadores de microempresas, uma vez que o grau de concorrência tem o seu próprio efeito no crescimento e no desempenho das empresas.

A este respeito, os inquiridos foram questionados sobre a presença ou ausência de concorrência e o seu efeito potencial no mercado. Como indicado no quadro abaixo, cerca de 69% das respostas das empresas mostram a presença de uma concorrência feroz que resultou na falta de mercado para os seus produtos. Isto está de acordo com o estudo de Webster e Fidler (1996) na África Ocidental, que constatou que a presença de uma forte concorrência no mercado das EM era o primeiro grande problema para estes operadores. A comparação setorial, no entanto, não dá o mesmo resultado. Enquanto o caso é pior nas actividades comerciais, onde um pouco mais de três quartos (77%) são vítimas, o mesmo é dito por uma pequena percentagem (45,4%) nas empresas transformadoras. Cerca de 6% dos inquiridos responderam que existe ausência de concorrência e falta de mercado. Isto pode dever-se provavelmente à sua incapacidade de produzir de acordo com as preferências dos clientes ou à sua localização inacessível.

Quadro 18 Concorrência entre operadores de EM

Existem concursos à volta do seu local de trabalho e o seu efeito	Tipo de atividade								Total	
	Comércio		Serviço de tipo técnico		Serviço de alimentação e bebidas		Fabrico			
	Contagem	Col. %	Contagem	Col. %	Contagem	Col. %	Contagem	Col. %	Cou	col.%
Sim, há muitos produtos semelhantes e, por conseguinte, não há um bom mercado	89	77.4%	9	52.9%	4	50%	10	45.5%	112	69.1%
Sim, há poucas pessoas competentes, mas existe um bom mercado	19	16.5%	2	11.8%	2	25%	6	27.3%	29	17.9%

Não, não há concorrência, mas não há um bom mercado	3	2.6%	3	17.6%	1	12.5%	2	9%	9	5.6%
Não, não é competente, mas existe um bom mercado	4	3.5%	3	17.6%	1	12.5%	4	18.2%	12	7.4%
Total	115	100%	17	100%	8	100%	22	100%	162	100%

Fonte: Inquérito de campo, 2008

Os inquiridos que confirmaram a presença de concorrência foram questionados sobre o efeito desta concorrência na sua atividade. Mais de 85% (121 em 141) responderam que o lucro da sua empresa diminui drasticamente, enquanto menos de 15% (20 em 141) dos inquiridos afirmaram que a concorrência os obriga a mudar o tipo de bens que vendem ou de serviços que prestam, o que indica que estes grupos de operadores têm uma estratégia para vencer a concorrência. Por conseguinte, pode concluir-se que a maioria dos operadores são participantes passivos no mercado, ou seja, não utilizam qualquer tática para manter o nível de lucro da sua empresa.

5.2.2. Vendas das empresas e respectiva taxa de rendibilidade

Foi pedido aos operadores de microempresas que revelassem os seus rendimentos mensais médios aproximados/vendas da sua empresa.

Tabela 19 Tabulação cruzada das vendas médias mensais com o tipo de atividade

Vendas médias mensais		Tipo de atividade				
		Comércio	Serviço técnico	Serviço de alimentação e bebidas	Fabrico	Total
< 500	Contagem	1	3	0	1	5
	% dentro do tipo de atividade	0.9%	17.6%	0%	4.5%	3.1%
501 - 2000	Contagem	12	4	2	3	21
	% por tipo de atividade	10.4%	23.6%	25%	13.6%	13%
2001 -	Contagem	48	2	4	9	63

4000	% por tipo de atividade	41.7%	11.8%	50%	41%	38.9%
4001 - 6000	Contagem	33	3	0	3	39
	% dentro do tipo de atividade	28.7%	17.6%	0%	13.6%	24.1%
> 6000	Contagem	21	5	2	6	34
	% dentro do tipo de atividade	18.3%	29.4%	25%	27.3%	20.9%
Total		115	17	8	22	162

Fonte: Inquérito de campo, 2008

Como se pode ver no quadro acima, os valores modais consecutivos aparecem nas categorias de rendimento vizinhas 2001-4000 Birr e 4001-6000 Birr, respetivamente. O quadro indica igualmente que, em todos os sectores, com exceção dos serviços de tipo técnico, a maioria dos operadores se concentra na faixa de rendimentos entre 2001 e 4000 Birr.

No entanto, o mais importante não é o rendimento médio mensal/venda das empresas. A questão crítica de interesse é antes "qual é a taxa de rendibilidade". O cálculo da taxa de rendibilidade das vendas sobre o capital retrataria claramente a situação da capacidade de venda das empresas em relação à situação geral do mercado. Por conseguinte, calcula-se a percentagem de vendas das empresas com o seu capital atual. Assim, o quadro da taxa de rendibilidade mostra que a maioria das empresas (43%) obtém uma rendibilidade de 21-50% do seu capital, seguida das empresas que obtêm uma taxa de rendibilidade de 51-80% do seu capital. Cerca de 8% das empresas obtêm uma taxa de rendibilidade inferior a 20% do seu capital. A taxa de rendibilidade de apenas 3 empresas é superior a 200%. Nesta conjuntura, é interessante compreender uma lição do inquérito que reflecte que a taxa de retorno das empresas não é independente do seu capital neste sector. Isto significa que a maioria das empresas com maior capital obtém uma melhor taxa de rendibilidade. Por exemplo, a maioria das empresas que têm um capital inferior a 4000 Birr está abrangida por uma taxa de rendibilidade inferior a 50%, ao contrário daquelas cujo capital é superior a 4000 Birr.

Tabela 20 Tabulação cruzada da taxa de rendibilidade com o capital atual

Taxa de rendibilidade (vendas / capital) em percentagem		Capital atual (em Birr)					Total
		< 4000	4001-7000	7001-10000	10001 13000	>13000	
<20%	Contagem	2	3	1	1	6	13
	% dentro da categoria de capital	33.3%	7.7%	2.5%	3.6%	12.2%	8%
21 - 50%	Contagem	3	15	15	9	28	70
	% dentro da categoria de capital	50%	38.5%	37.5%	31.1%	57%	43.2%
51 - 80%	Contagem	1	16	22	14	10	63
	% na categoria de capital	16.7%	41%	55%	50%	20.4%	38.9%
81 - 110%	Contagem	0	5	0	2	2	9
	% na categoria de capital	0%	12.8%	0%	7.1%	4.1%	5.6%
111 - 140%	Contagem	0	0	0	0	1	1
	% na categoria de capital	0%	0%	0%	0%	2%	0.6%
141 - 200%	Contagem	0	0	1	0	2	3
	% dentro da categoria de capital	0%	0%	2.5%	0%	4.1%	1.9%
> 200%	Contagem	0	0	1	2	0	3
	% dentro da categoria de capital	0%	0%	2.5%	7.1%	0%	1.9%
Total		6	39	40	28	49	162
		100%	100%	100%	100%	100	100

Fonte: Inquérito de campo, 2008

5.2.3. Variação sazonal do desempenho das microempresas

Foi também perguntado aos inquiridos da amostra se existe ou não uma variação sazonal no desempenho (vendas do seu produto ou serviço) das suas empresas. Assim, dois quintos dos inquiridos (40%) referiram a existência de flutuações no montante das vendas em função das estações do ano. Quando solicitados a indicar os meses de pico, a maioria dos inquiridos (43,1%) escolheu dezembro-fevereiro. Os que indicaram junho-agosto e março-maio foram 23,1% e 21,5%, por esta ordem, com percentagens quase iguais.

Tabela 21 Variação sazonal do desempenho das MEs

		Tipo de atividade								Total	
		Comércio		Técnico- Como o serviço		Serviço de alimentação e bebidas		Fabrico			
		Contagem	Col.%	Contagem	Col.%	Contagem	Col.%	Contagem	Col.%	Contagem	Col.%
Existe variação sazonal na o performance do seu enterprise	Sim	44	38.3%	10	58.8%	3	37.5%	8	36.4%	65	40.1%
	Não	71	61.7%	7	41.2%	5	65.5%	14	63.6%	97	59.9%
Em caso afirmativo, quais são os meses de maior afluência	setembro - novembro	5	11.4%	1	10%	1	33.3%	1	12.5%	8	12.3%
	dezembro - fevereiro	24	54.5%	3	30%	0	0%	1	12.5%	28	43.1%
	março - março	10	22.7%	2	20%	0	0%	2	25%	14	21.5
	junho - agosto	5	11.4%	4	40%	2	66.7%	4	50%	15	23.1%
Total		44	100%	10	100%	3	100%	8	100%	65	100%

Fonte: Inquérito de campo, 2008

Dividindo os dados por sector, para mais de metade dos operadores (24 em 44) envolvidos em actividades comerciais, dezembro - fevereiro são os meses de pico (estação) para o desempenho das empresas. As razões apresentadas pelos informadores foram o facto de estes meses serem a época dos casamentos, o que, por sua vez, provoca um aumento das vendas. Além disso, nestes meses há feriados (Natal e outras cerimónias religiosas). 2 em cada 3 dos inquiridos dos serviços de restauração e bebidas escolheram os meses de junho a agosto como a sua época alta. As razões apresentadas para tal foram o facto de, durante esses meses, haver muitas conferências na cidade.

5.2.4. Situação atual (rendibilidade) das empresas

No que diz respeito à situação atual das MPE, foi pedido aos operadores que falassem sobre a situação das suas empresas desde 1999E.C. Assim, a maior parte deles (59,3%) respondeu que a rentabilidade das suas empresas se manteve inalterada (não apresenta qualquer alteração). Desagregando os dados por tipo de atividade, uma percentagem quase igual de inquiridos do comércio e da indústria transformadora apresentou resultados semelhantes. No entanto, um pouco mais de um quarto dos inquiridos (25,3%) revelou que a sua empresa está a tornar-se mais rentável do que antes. Os restantes 12,3% e 3,1% deixaram claro que existe uma diminuição drástica do montante dos seus lucros e da situação crítica (a funcionar com perdas) da sua empresa, por esta ordem.

Quadro 22 Situação atual das microempresas

Situação atual das microempresas	Tipo de atividade								Total	
	Comércio		Serviço técnico		Serviço de alimentação e bebidas		Fabrico		Conselho	
	Contagem	Col. %	Contagem	Col. %	Contagem	Col. %	Contagem	Col. %	col.%	
Crescimento (mais rentável do que antes)	28	24.3%	7	41.2%	3	37.5%	3	13.6%	41	25.3%
Atualmente, o lucro diminui drasticamente	5	4.4%	0	0%	0	.0%	0	.0%	5	3.1%
Correndo com a perda	11	9.6%	3	17.6%	1	12.5%	5	22.7%	20	12.3%
Não apresenta qualquer alteração	71	61.7%	7	41.2%	4	50%	14	63.6%	96	59.3%
Total	115	100%	17	100%	8	100%	22	100%	162	100%

Fonte: Inquérito de campo, 2008

Foi pedido aos inquiridos que tinham dificuldade em obter lucros atractivos que indicassem os estrangulamentos. As três respostas mais frequentes obtidas foram a escassez de fundo de maneio (71%), a existência de muitos concorrentes (53,7%) e o aumento do preço dos factores de produção (30,6%), que potencialmente diminui o número de clientes. Parece que a limitação de capital é um problema importante para os operadores de EM. Além disso, a falta de procura de produtos e a existência de poucos clientes foram os constrangimentos mencionados por 24% e 22,3% dos inquiridos, respetivamente. Um número reduzido (3,3%) dos inquiridos mencionou as regras e os regulamentos do governo como os principais desafios para o lucro do seu negócio. Para simplificar, ver a figura abaixo.

Quadro 23 Factores que limitam o lucro

Factores		Tipo de atividade				Total
		Comércio	Serviço técnico	Serviço de comida e bebida	Fabrico	
Existência de muitos concorrentes	Contagem	56	5	4	1	66
	% com no tipo de atividade	64.4%	50%	80%	5.3%	54.5%
Existência de poucos clientes	Contagem	10	5	3	7	25
	% com no tipo de atividade	11.5%	50%	40%	36.8%	20.7%
Escassez de fundo de maneio	Contagem	62	9	2	13	86
	% com no tipo de atividade	82.8%	90%	40%	68.4%	71%
Falta de procura de produtos	Contagem	16	4	3	5	28
	% com no tipo de atividade	18.4%	40%	60%	26.3%	23.1%
Aumento do preço dos factores de produção	Contagem	15	3	2	17	37
	% com no tipo de atividade	17.2%	30%	40%	89.5%	30.6%
Regra e regulamentação do governo.	Contagem	1	0	1	2	4
	% com no tipo de atividade	1.1%	0%	20%	10.5%	3.3%
Total		87	10	5	19	121

Note-se que os valores percentuais não correspondem a 100%, uma vez que os inquiridos foram autorizados a dar respostas múltiplas. Um olhar mais atento às empresas revela que a escassez de capital de exploração é um problema para a maioria dos operadores de empresas, com exceção dos serviços de restauração e bebidas. O principal problema mencionado por todos os serviços de restauração e bebidas com restrições de lucro é a existência de muitos concorrentes. Com esta diversidade de problemas relatados, pode ser irrealista pensar que o aumento da oferta de qualquer ingrediente em falta aumentará substancialmente o seu lucro.

5.2.5. Utilização dos lucros nas microempresas

Foi pedido aos operadores das PME que indicassem a principal utilização dos seus lucros. Os dados produzidos pelo inquérito indicam que menos de um quinto dos operadores (19,8%) utiliza os seus lucros principalmente para investir na sua atividade. Um pouco mais de metade dos inquiridos (50,6%) afirmou que utiliza os seus lucros para consumo doméstico. Este facto está em conformidade com o argumento de que as microempresas trabalham em mercados competitivos, sem possibilidade de obter lucros suficientes para investir e crescer (Pederson, 1989). Cerca de um quarto dos operadores (24,7%) declarou que os lucros são utilizados, em partes iguais, para o consumo doméstico e para reinvestir na sua atividade.

Os restantes 3,7% e 1,2% vão para aqueles que responderam que o utilizam principalmente para depósito e para oferecer às famílias. Assim, é possível ao investigador supor que este facto pode pôr em causa o crescimento das suas empresas.

Figura 6 Utilização dos lucros das EM

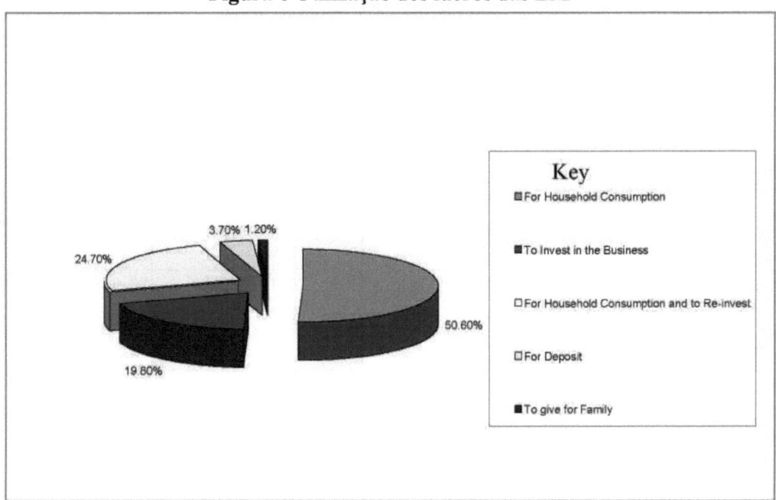

5.2.6. Mecanismos de poupança

Os proprietários de microempresas têm de acumular poupanças ou garantir créditos, ou utilizar ambos para expandir as operações comerciais. No entanto, na ausência de facilidades de crédito, as MPE têm de capitalizar a poupança para a expansão (Elias, 2005). As questões relacionadas com a poupança foram tratadas e, por isso, perguntou-se aos inquiridos da amostra se poupam ou não dinheiro. A maioria dos inquiridos (142 em 162) respondeu "sim". Dividindo os dados por sector, todos os inquiridos da amostra (22) da indústria transformadora, 87% dos operadores de actividades comerciais, 82% dos operadores de serviços técnicos e três quartos (75%) dos operadores de serviços de restauração e bebidas fazem poupanças. Os inquiridos que poupam foram especificamente questionados sobre os principais meios de poupar o seu dinheiro. A este respeito, cerca de três quartos das empresas (72,5%) responderam que utilizam o 'Iquib', que consiste num fundo rotativo contribuído pelos membros. Enquanto 16,9% e 8,5% dos inquiridos utilizam o banco e a família, respetivamente, para depositar o seu dinheiro, uma proporção muito insignificante dos inquiridos (3,1%) declarou que utiliza instituições de poupança e crédito como o Instituto de Crédito e Poupança de Amhara.

Os dados permitem concluir que o "Iquib", uma instituição tradicional de poupança, é o próprio instrumento utilizado para promover as empresas na cidade.

Quadro 24 Mecanismos de poupança

		Tipo de atividade								Total	
		Comércio		Serviço técnico		Serviço de comida e bebida		Fabrico.			
Guarda		Conta gem	Col.%	Conta gem	Col.%	Contag em	Col.%	Contage m	Col.%	Conta gem	Col.%
	Sim	100	87%	14	82.4%	6	75%	22	100%	142	87%
	Não	15	13%	3	17.6%	2	25%	0	0.0%	20	12.3%
chanismo de	Iquib	75	75%	9	64.3%	3	50%	16	72.7%	103	72.5%
	Banco	14	14%	4	28.6%	3	50%	3	13.6%	24	16.9%
	Família	11	11%	1	7.1%	0	0.0%	0	0.0%	12	8.5%
	Instituição de poupança e crédito	0	0%	0	0.0%	0	0.0%	3	13.6%	3	2%
Total		100	100	14	100%	3	100%	22	100%	142	100%

Fonte: *Inquérito de campo, 2008*

5.2.7. Perceção dos operadores relativamente à contração de empréstimos

Os microempresários têm geralmente dificuldade em crescer sem a possibilidade de obter um empréstimo de credores (Labie, 2000). Foi feita uma tentativa para compreender a atitude dos inquiridos em relação à contração de empréstimos. Cerca de três quartos dos operadores (73,5%) afirmaram que a contração de empréstimos é necessária para a atividade empresarial. Isto pode provavelmente mostrar que o empréstimo é um dos meios importantes para o crescimento das empresas, particularmente para os operadores de microempresas cujo capital é insuficiente para expandir o seu negócio. Isto corresponde ao estudo efectuado pela ONU (2001) na Zâmbia, que concluiu que o empréstimo de dinheiro para o capital de exploração é a solução mais importante para expandir o negócio das MPE. Surpreendentemente, no entanto, um quinto dos inquiridos da amostra (20,4%) referiu que não gosta de o fazer. Isto pode dever-se provavelmente à falta de confiança em reembolsar o dinheiro aos credores ou ao receio dos custos dos juros. A restante percentagem (6,1%) corresponde aos que responderam que não se importam.

5.2.8. Crescimento das empresas em termos de emprego

A medida mais amplamente utilizada para o crescimento e a expansão das microempresas é a mudança (variação) que ocorreu em termos de número de postos de trabalho (Mead, et al, 1998). Assim, é interessante ver quantas das empresas da amostra se expandiram ou contraíram ou permaneceram constantes em termos de número de trabalhadores (trabalhadores familiares remunerados ou não remunerados) durante o período entre o estabelecimento e a atualidade (no momento da recolha de dados). Para tal, foram colocadas questões sobre o número de trabalhadores que as MEs tinham quando iniciaram a atividade e agora (no momento da recolha de dados)

Quadro 25 Distribuição das microempresas por dimensão (número de trabalhadores)
(Quando começar e agora)

N.º de trabalhadores (no início)	N.º de empresas	N.º de trabalhadores (atualmente)	N.º de empresas
1	85	1	64
2	59	2	61
3	12	3	18
4	3	4	8
5	1	5	7
6	1	6	1
7	1	7	2
8	0	8	1
9	0	9	0
10	0	10	0
Total	162		162

Fonte: *Inquérito de campo, 200*

A partir dos números relativos ao emprego dos dois períodos, podemos ver que o declínio no número de empresas com um trabalhador (em 21) corresponde ao aumento do número de empresas com 2 ou mais trabalhadores. De um modo geral, pode dizer-se que todas as empresas continuam a ser microempresas de acordo com o critério da dimensão do pessoal, uma vez que todas as empresas têm menos de 10 trabalhadores.

Quadro 26 Distribuição das microempresas que têm a mesma dimensão que tinham quando começaram

N.º de trabalhadores	Iniciado com Número de trabalhadores	Continua a ter o mesmo número de trabalhadores
1	85	63 (74.1%)
2	59	44 (74.6)
3	12	3 (25%)
4	3	1 (33.3%)
5	1	0
6	1	0
7	1	0

Fonte: *Inquérito de campo, 2008*

O quadro 5.11 mostra que uma grande parte das empresas permaneceu estagnada, ou seja, não cresceu ao longo do tempo. Anos depois de existirem, a sua dimensão permanece exatamente a mesma de quando começaram: 110 de 156 (70,5%) das empresas que começaram com 1, 2 ou 3 trabalhadores continuam a ter o mesmo número de trabalhadores (ou seja, não criaram empregos adicionais desde o início). Isto pode ser indicativo do facto de existirem alguns factores limitativos do crescimento do número de trabalhadores. Este facto está em conformidade com um inquérito realizado na Etiópia que mostra que apenas 26,2% das MPE conseguiram crescer criando postos de trabalho adicionais (Gebrehiwot e Wolday, 2004).

5.3 . Mecanismos de fixação de preços das MEs

A fixação eficaz dos preços dos bens e serviços é fundamental para o bom funcionamento dos operadores de microempresas. Foram colocadas questões relativas aos mecanismos de fixação de preços. Neste contexto, 45% das empresas responderam que normalmente decidem o preço dos seus produtos com base no mercado e em negociações com os clientes. Enquanto 32,7% e 18% das empresas da amostra determinam o seu preço com base no mercado e através de negociações com os clientes, respetivamente. As restantes (4,3%) responderam que o preço dos seus bens/serviços é determinado por decisão das associações. O seu mecanismo de fixação de preços apresenta, contudo, variações intersectoriais. A maioria das empresas (58,8%) de serviços de tipo técnico e as empresas da indústria transformadora (50%) responderam que a negociação com os clientes era o seu meio de fixação de preços, o que indica a vulnerabilidade destas empresas à concorrência. Se os outros factores se mantiverem inalterados, as empresas que baixam os preços dos concorrentes podem atrair muitos clientes. No entanto, os preços baixos reduzem frequentemente os lucros líquidos. Por conseguinte, encontrar uma estratégia de preços que equilibre o aumento das vendas com a procura de lucros é de importância primordial para este tipo de empresas.

No que respeita ao outro par de actividades, enquanto cerca de 51% dos operadores do comércio afirmaram que o mercado e a negociação com os compradores, 63% das empresas de serviços de restauração e bebidas afirmaram que normalmente decidem de acordo com o mercado.

Quadro 27 Mecanismos de fixação de preços das empresas

Estratégias de fixação de preços	Tipo de atividade								Total	
	Comércio		Serviço técnico		Serviço de alimentação e bebidas		Fabrico			
	Contagem	Col. %	Contagem	Col. %	Contagem	Col. %	Contagem	Col. %	Casal	col.%
Negociação com os compradores	8	6.9%	10	58.8%	0	0%	11	50%	29	17.9%
Mercado e negociação com os clientes	59	51.3%	5	29.4%	1	12.5%	8	36.4%	73	45.1%
Mercado	44	38.3%	2	11.8%	5	62.5%	2	9.1%	53	32.7%
Definido por associação	4	3.5%	0	0.0%	2	25%	1	4.5%	7	4.3%
Total	115	100%	17	100%	8	100%	22	100%	162	100%

Fonte: Inquérito de campo, 2008

5.4 Oportunidades de formação e necessidades dos operadores

5.4.1. Oportunidades de formação

A formação refere-se a qualquer transferência de conhecimentos, competências ou atitudes que é normalmente organizada para preparar as pessoas para actividades mais produtivas ou para alterar o seu ambiente de trabalho (Gebrehiwot & Wolday, 2004). Foi feita uma tentativa de investigar o acesso dos empresários a vários tipos de formação.

Quadro 28 Acesso a formação de curta duração

Alguma vez recebeu formação de curta duração?		Tipo de atividade				Total	
		Comércio	Serviço de assistência técnica	Serviço de alimentação e bebidas	Fabrico	Contagem	Col.%
Sim	Contagem	17	5	1	12	35	21.6%
	% por tipo de atividade	14.8%	29.4%	12.5%	54.5%		
Não	Contagem	98	12	7	10	127	78.4%
	% por tipo de atividade	85.2%	70.6%	87.5%	45.5%	162	100%

Fonte: *Inquérito de campo, 2008*

Apesar da exposição dos operadores à educação formal, mais de três quartos dos inquiridos (78,4%) não receberam qualquer formação de curta duração. O estudo recolheu igualmente dados sobre os tipos de formação que lhes foram ministrados. Sectorialmente, porém, mais de metade dos operadores (55%) da indústria transformadora tiveram oportunidades de formação.

Tal como se explica no quadro seguinte, em termos de tipos de formação, um número relativamente considerável de empresas (21 em 35) ministrou formações técnicas, tendo a maior parte delas sido frequentada por trabalhadores de empresas transformadoras. Neste caso, analisando atentamente os dados, pode dizer-se que, embora as oportunidades de formação não fossem satisfatórias, as oportunidades proporcionadas eram de alguma forma relevantes para a carreira dos operadores. As formações técnicas, segundo os informadores, foram dadas pela JTCA (Agência de Cooperação Técnica do Japão) e pela Escola Técnica Debre Markos, enquanto as formações relacionadas com a atividade empresarial foram oferecidas pela Entrepreneur Ethiopia.

Quadro 29 Formações de curta duração ministradas

Tipos de formação ministrados		Número de participantes em cada tipo de atividade				Total	
		Comércio	Serviços de carácter técnico	Serviço de alimentação e bebidas	Fabrico	Contagem	Col.%
Formação técnica	Contagem	6	4	0	11	21	60%
	% no âmbito das actividades-tipo	35.3%	80%	0%	91.7%		

Negócios gestão	Contagem	9	1	0	0	10	28.6%
	% por tipo de atividade	52.9%	20%	0%	0%		
Gestão de marketing	Contagem	1	0	1	1	3	8.6%
	% no âmbito das actividades-tipo	5.9%	0%	100%	8.3%		
Contabilidade e escrituração	Contagem	1	0	0	0	1	2.9%
	% no âmbito das actividades-tipo	5.9%	0%	0%	0%		
Total	Contagem	17	5	1	12	35	100%
	% dentro do tipo de atividade	100%	100%	100%	100%		

Fonte: *Inquérito de campo, 2008*

5.4.2. Necessidades de formação dos operadores

Este estudo também procura examinar os tipos de formação de que os operadores de EM necessitam. Dois quintos dos operadores (40,1%) afirmaram necessitar de formações relacionadas com a contabilidade. Os inquiridos que necessitavam de formações que pudessem melhorar a sua capacidade de utilização das máquinas representam cerca de 21%. Um quinto dos inquiridos (20,4%) necessitava de formações relacionadas com a gestão. 13,6% dos inquiridos, no entanto, responderam que não precisavam de qualquer tipo de formação. Esta constatação é coerente com as conclusões do TCE (2001), que concluiu que, embora os microempresários careçam de conhecimentos empresariais e de capacidade de gestão, alguns deles não se apercebem dessa necessidade. Uma proporção muito pequena dos operadores (4,9%) referiu que necessitava de formação relacionada com mecanismos de atração de clientes.

Em suma, as percentagens mais elevadas (86,4%) revelaram que procuram oportunidades de formação, o que pode ser indicativo da sua inclinação para uma orientação mais comercial.

5.4.3. Serviço de apoio Oportunidades oferecidas

Quadro 30 Oportunidades de serviços de apoio oferecidas

Serviços de apoio oferecidos		Frequência	Percentagem
Mercado para a produção	Sim	11	6.8%
	Não	151	93.2%
Crédito	Sim	34	21%
	Não	128	79%
Disponibilização de terrenos (instalações)	Sim	56	34.6%
	Não	106	65.4%

Fonte: *Inquérito de campo, 2008*

Como explicado acima, cerca de 35% das empresas tiveram a oportunidade de obter terrenos (instalações) do governo local, independentemente da adequação da localização das instalações. Esta foi a principal oportunidade de que os operadores da cidade beneficiaram. E um quinto das empresas (21%) respondeu que tinha tido oportunidades de apoio ao crédito.

Um número insignificante (6,8%) de empresas beneficiou de oportunidades de apoio ao mercado que foram inteiramente iniciadas pelo governo local através da organização de vendas públicas (bazares na cidade).

5.4.4. Serviços de apoio necessários

Este estudo também tentou classificar de 1 a 3 os serviços de apoio de que os operadores de EM necessitam, de acordo com a sua ordem de prioridade.

Quadro 31 Prioridade dos serviços necessários

Tipo de prioridade	Primeira prioridade		Segunda prioridade		Terceira prioridade	
	Contagem	Col. %	Contagem	Col.%	Contagem	Col.%
Crédito para fundo de maneio	83	51.2%	51	31.5%	15	9.2%
Apoio ao mercado e informações sobre produtos	27	16.7%	49	30.2%	44	27.2%
Acesso às instalações (terreno para construção, casa)	32	19.8%	24	14.8%	16	9.9%
Infra-estruturas	0	0%	3	1.9%	4	2.5%

Formação em gestão	7	4.3%	12	7.4%	21	13%
Formação técnica	9	5.5%	10	6.2%	19	11.7%
Formação em contabilidade	4	2.5%	13	8%	43	26.35%
Total	162	100%	162	100%	162	100%

Fonte: *Inquérito de campo, 2008*

Tal como indicado no quadro supra, o crédito para fundo de maneio é a primeira prioridade (segundo 51,2% das empresas), seguido do acesso às instalações, que é referido por 19,8%. 31,5% e 30,2% das empresas, com uma percentagem quase igual, colocam o crédito para capital de exploração e o apoio ao mercado e informação sobre produtos como as suas segundas prioridades, por esta ordem. No que respeita aos serviços necessários de terceira prioridade, o apoio ao mercado e a informação sobre os produtos estão em primeiro lugar (27,2%), seguidos da necessidade de formação em contabilidade, referida por 26,4% dos operadores.

5.5 DESAFIOS DOS OPERADORES DE MICROEMPRESAS

Tal como indicado na literatura, são muitos os factores que desafiam o crescimento e o desempenho das microempresas. Tendo isto em conta, os operadores foram questionados sobre os diferentes factores instantâneos para a extensão dos problemas.

Quadro 32 Desafios dos operadores de EM instantâneos à extensão dos problemas.

Factores	Tipo de atividade								Total	
	Comércio		Serviço técnico		Serviço de comida e bebida		Fabrico			
	Não	Col. %	Não	Col. %	Não	Col. %	Não	Col. %	N.º	col.%
Falta de financiamento										
Não há problema	2	1.7%	1	5.9%	2	25%	0	0%	5	3.1%
Problema menor	5	4.3%	2	11.8%	0	0%	2	9.1%	9	5.6%
Problema moderado	23	20%	8	47.1%	1	12.5%	3	13.6%	35	21.6%
Problema grave	22	19.1%	3	17.6%	3	37.5%	14	63.6%	42	25.9%
problema grave	63	54.8%	3	17.6%	2	25%	3	13.6%	71	43.8%
Total	115	100%	17	100%	8	100%	22	100%	162	100%
Baixa procura de produtos										
Não há problema	23	20%	0	0%	1	12.5%	0	0%	24	14.8%

Problema menor	35	30.4%	2	11.8%	1	12.5%	2	9.1%	40	24.7%
Problema moderado	41	35.7%	10	58.8%	2	25%	6	27.3%	59	36.4%
Problema grave	9	7.8%	4	23.5%	3	37.5%	9	40.%	25	15.4%
Problema grave	7	6.1%	1	5.9%	1	12.5%	5	22.7%	14	8.6%
Total	115	100%	17	100%	8	100%	22	100%	162	100%
Falta de um local adequado para a atividade Não há problema	41	35.7%	2	11.8%	4	50%	1	4.5%	48	29.6%
Problema menor	33	28.7%	1	5.9%	1	12.5%	2	9.1%	37	22.8%
Problema moderado	12	10.4%	4	23.5%	2	25%	3	13.6%	21	13%
Problema grave	11	9.6%	8	47.1%	1	12.5%	7	31.8%	27	16.7%
Problema grave	18	15.7%	2	11.8%	0	0%	9	40.9%	29	17.9%
Total	115	100%	17	100%	8	100%	22	100%	162	100%
Indisponibilidade de matérias-primas suficientes Não há problema	55	47%	5	29.4%	3	37.5%	0	0%	63	38.%
Problema menor	31	27%	7	41.2%	2	25%	0	0%	40	24.7%
Problema moderado	22	19.1%	3	17.6%	3	37.5%	4	18.2%	32	19.8%
Problema grave	7	6.1	2	11.8%	0	0%	11	50%	20	12.3%
Problema grave	0	0%	0	0%	0	0%	7	31.8%	7	4.3%
Total	115	100%	17	100%	8	100%	22	100%	162	100%
Deficiência de competências Não há problema	32	27.8%	0	0%	4	50%	0	0%	36	22.2%
Problema menor	61	53%	1	5.9%	3	37.5%	3	13.6%	68	42%
Problema moderado	19	16.5%	5	29.4%	0	0%	6	27.3%	30	18.5%
Problema grave	3	2.6%	9	52.9%	1	12.5%	5	22.7%	21	13%
Problema grave	0	0%	2	11.8%	0	0%	8	36.4%	7	4.3%
Total	115	100%	17	100%%	8%	100%	22	100%	162	100%

Regras e regulamentos Não há problema	63	54.8%	6	35.3%	1	12.5%	1	4.5%	71	43.1%
Problema menor	39	33.9%	0	0%	2	25%	10	45.5%	51	31.5%
Problema moderado	7	6.1%	8	47.1%	0	0%	9	40.9	24	14.8%
Problema grave	4	3.5%	3	17.6%	5	62.5%	2	9.1%	15	9.3%
Problema grave	2	1.7%	0	0%	0	0%	0	0%	2	1.2%
Total	115	100%	17	100%	8	100%	22	100%	162	100%
Infra-estruturas Não há problema	75	62.6	9	52.9%	3	37.5%	8	36.4%	92	56.8%
Problema menor	31	27%	6	35.3%	4	50%	6	27.3%	47	29%
Problema moderado	9	7.8%	0	0%	0	0%	7	31.%	16	9.9%
Problema grave	3	2.6%	2	11.8%	1	12.5%	1	4.5%	7	4.3%
Problema grave	0	0%	0	0%	0	0%	0	0%	0	0%
Total	115	100%	17	100%	8	100%	22	100%	162	100%

A falta de financiamento ocupa o primeiro lugar, sendo referida por 43,8 das empresas. 25,9% das empresas consideram-no um problema grave. Apenas 3,1% dos operadores responderam que não têm problemas. Em termos sectoriais, não constitui um problema para um quarto das empresas (25%) que se dedicam aos serviços de restauração e bebidas, ao passo que nenhuma das empresas do sector da indústria transformadora referiu este caso.

5.5.1. Impacto da localização nas empresas

No que respeita à localização, quase metade das empresas (48%) respondeu que o grau do problema era moderado a grave, enquanto 30% das empresas responderam que não tinham problemas. Em termos de tipo de atividade, a questão parece ser um problema importante e grave para as empresas da indústria transformadora (72,2%) e dos serviços de tipo técnico (58,9%), enquanto apenas 12,5% das empresas dos serviços de restauração e bebidas e 25,3% das empresas do comércio responderam o mesmo.

5.5.2. Desafios relacionados com a procura de produtos e o fornecimento de matérias-primas

Embora a falta de procura não seja um problema para um pouco mais de um sétimo das empresas (14,8%), a falta de matérias-primas suficientes não é um problema para uma proporção relativamente maior das empresas (38,9%), o que implica que a falta de procura (mercado) é uma restrição maior do que o acesso a matérias-primas suficientes para as microempresas. Em termos sectoriais, contudo, a falta de matérias-primas suficientes é um estrangulamento para a maioria das empresas transformadoras. Isto pode dever-se a uma diminuição do número de árvores (florestas) com um aumento drástico da construção de habitações na cidade, na qual se baseia a existência de algumas das empresas transformadoras.

5.5.3. Deficiências de competências

Cerca de 42% dos operadores referiram as deficiências de competências como um problema menor e 22,2% não o consideraram um problema. Isto indica que mais de 64% dos operadores não o consideraram um problema significativo, apesar de a maioria dos operadores não ter recebido formação relacionada com a atividade empresarial, tal como referido anteriormente. Isto está claramente de acordo com o argumento de que, embora os microempresários tenham deficiências de competências, é duvidoso que muitos deles se apercebam dessa necessidade.

5.5.4. Constrangimentos a nível das infra-estruturas e das normas e regulamentos

Uma grande parte dos inquiridos (56,8%) não considera a falta de infra-estruturas (telecomunicações, eletricidade e água) como um problema. As regras e regulamentos estabelecidos pelo governo não constituem problemas para mais de dois quintos das empresas (43,2%), ao passo que 15 empresas referiram os constrangimentos impostos pelas regras e regulamentos como um problema grave e 2 como severo, e estes operadores vítimas das regras e regulamentos informaram que o governo local os estava a obrigar a construir um centro comercial normalizado (edifício) ou a abandonar o local.

5.5.5. Desafios relacionados com a contração de empréstimos

Como discutido anteriormente, a importância das instituições formais no empréstimo de dinheiro aos operadores de EM não é significativa. Por uma questão de exatidão e abrangência, foi também perguntado aos inquiridos se a obtenção de financiamento junto de instituições de crédito é fácil ou difícil para as empresas licenciadas. Cerca de 64% (105 de 162) dos inquiridos afirmaram que é difícil. Foi perguntado aos inquiridos que referiram a dificuldade em obter financiamento junto de instituições de crédito quais as razões para tal. Assim, as razões mais frequentemente mencionadas são: o processo de contração de empréstimos é demasiado difícil (56,2%); os juros e outros custos são demasiado elevados (24,8%); e a falta de conhecimento dos inquiridos sobre as facilidades de empréstimo das instituições formais (8,6%). Este facto coincide com o estudo de Brunetti, et al, (1998) que afirma que os processos de empréstimo e outros tratamentos injustos constituem problemas para as microempresas. A dificuldade em formar um grupo, que é um requisito para os empréstimos das IMF (4,7%), o facto de as IMF não libertarem o dinheiro rapidamente e os elevados requisitos em matéria de garantias foram também as outras razões apontadas como desafios para a obtenção de financiamento.

5.6 DETERMINANTES DO CRESCIMENTO E DO DESEMPENHO DAS MICROEMPRESAS NA ÁREA DE ESTUDO

5.6.1. DESCRIÇÃO DO MODELO E DAS VARIÁVEIS

O principal objetivo deste estudo é avaliar os determinantes (factores) do crescimento e do desempenho das MPEs na cidade de Debre Markos. A venda mensal bruta (rendimento) foi utilizada como variável dependente para mostrar o desempenho económico dos empresários

A análise de regressão múltipla é o método utilizado no estudo, uma vez que é um método adequado para indicar a relação entre as variáveis. De acordo com Mwamje e Gotu (2001), a análise de regressão, enquanto ferramenta descritiva, é utilizada para encontrar relações estruturadas e fornecer explicações para relações multivariáveis complexas.
Assim, a essência do modelo num conjunto de dados é estabelecer se existem provas suficientes para sugerir ou indicar uma relação entre uma variável dependente (Y) e várias variáveis independentes (Xi'*s*). A relação entre Y e X1,X2,X3... ,X6 pode ser formulada da seguinte forma Y=A+BX1+BX2+BX3+BX4+BX5+BX6 Em que Y=a variável dependente (vendas mensais das empresas) A=o valor constante ou o valor de Y quando X é zero B1,B2,B6 são os coeficientes ou declives da variável independente que explicam o impacto dessa variável específica nas vendas mensais. Assim, se o coeficiente de B for positivo, a variável independente X tem um efeito positivo e a sua influência na regressão aumentará. Por outro lado, se o coeficiente de B for negativo, então a variável explicativa X tem um efeito negativo e a sua influência na regressão diminui. No entanto, se o coeficiente de B for zero, o resultado da regressão não se alterará X1, X2...X6 são as variáveis independentes que explicam o valor da variável dependente (Y)

A. Nível de instrução (X1) (variável dummy) com valores 0=analfabeto,1=abaixo do ensino secundário,2=ensino secundário completo, 3=certificado,4=diploma e 5=grau universitário. Assim, espera-se que os empresários com formação académica possam aumentar a eficiência da empresa.
B. Capital(X2) (variável contínua). Assim, tem-se a hipótese de que quanto maior for o capital (investimento) para os insumos necessários, maior será o rendimento das MPEs. Portanto, tem uma influência direta sobre a variável dependente.

C. Idade dos operadores (X3) (variável contínua), uma vez que é medida em anos. Espera-se que a idade jovem tenha uma correlação significativa e positiva para a variável dependente (vendas mensais), uma vez que se sabe que os jovens são mais interactivos (sociáveis) e dinâmicos do que outras partes da população adulta.

D. Experiência no sector (X4) (uma variável dummy) categorizada como 0 para aqueles que não têm experiência prévia no sector e 1 para aqueles que têm. A equação de regressão pressupõe que os empresários que têm experiência prévia terão uma associação positiva elevada com a variável dependente.

E. Número de trabalhadores (X5) (variável contínua). A equação de regressão pressupõe que as empresas com maior número de trabalhadores poderão obter mais rendimentos mensais ou, por outras palavras, estarão positivamente relacionadas com as vendas mensais da empresa (rendimentos).

F. Serviço de desenvolvimento empresarial (X6) (uma variável fictícia em que 1= empresas com serviço de desenvolvimento empresarial, 0= para as empresas sem este serviço). A equação de regressão pressupõe que os operadores que adquiriram competências através de acções de formação e workshops têm mais hipóteses de aumentar as suas vendas do que aqueles que não o fazem.

5.6.2 Resultados da regressão

Quadro 33Coeficientes dos resultados da regressão

Modelo	**B**	**Erro Std.**	t	Sig.
(constante)	14543.900	2545.461	5.663	0.115
Idade (X1)*	-4966.519	82.904	-5.989	0.102
Educação(X2)	-1771.811	347.566	-4.880	0.133
Capital (X3)***	0.291	0.94	4.049	0.000
BDS(X4)*	4024.077	638.457	6.340	0.087
Experiência anterior (X5)**	-22156.128	1981.501	-11.181	0.054
Número de trabalhadores (X6)**	-12111.267	920.035	-13.198	0.041
Variável dependente= Rendimento mensal (vendas) R Squared=.641Significativo a .032				

Fonte: *Cálculos próprios (2008)*

Observações: *, **, ***diferentes ao nível de significância de 0,10, 0,05 e 0,01, respetivamente.

O resultado da regressão revelou que a variável capital é o fator mais significativo que determina as vendas das empresas, indicando que o aumento das vendas se deve a um capital elevado ou vice-versa. A experiência anterior e o número de trabalhadores também são factores significativos para as vendas. Mas é surpreendente ver que estão negativamente correlacionados, indicando que a experiência anterior, bem como o número de trabalhadores, são independentes das vendas da empresa.

O resultado da regressão também revelou que a idade tem uma relação significativa com as vendas das empresas. No entanto, a relação é negativa, indicando que o aumento da idade dos empresários afecta as vendas das empresas. Isto deve-se ao facto de se saber que os jovens são mais dinâmicos, interactivos e arriscados do que outras partes da população adulta.

Estima-se que a educação aumenta a capacidade do empresário para lidar com problemas e aproveitar oportunidades importantes para o crescimento da empresa. Muitos autores da área também encontraram uma relação positiva entre o nível de educação dos operadores e o desempenho da empresa num ambiente moderno. O resultado da regressão, no entanto, indicou que a variável educação não tem qualquer relação com as vendas no sector. Isso pode ser devido ao fato de que as MPEs, em virtude disso, não necessitam de conhecimentos especiais para se envolverem no setor.

O serviço de desenvolvimento empresarial é significativo, com um sinal positivo. De acordo com os dados do inquérito, mais de 78,4% dos inquiridos não dispõem de serviços de desenvolvimento empresarial, o que indica uma menor cobertura dos serviços prestados. Pode tirar-se uma conclusão geral de que, apesar de a cobertura ser menor, os empresários que obtiveram o serviço apresentam uma correlação positiva com as suas vendas.

5.7 RELATÓRIOS DE ENTREVISTAS

Foram organizadas entrevistas com 3 agentes (funcionários), dois do gabinete das MPE e o outro do Gabinete de Comércio e Indústria da cidade. As perguntas foram formuladas de forma a identificar os problemas e avaliar as oportunidades. Os relatórios das entrevistas revelam que existem políticas e estratégias para o desenvolvimento das MPE.

De acordo com os relatórios, o Gabinete das MPE da cidade é responsável pela organização dos operadores, especialmente dos recém-chegados, pela disponibilização de um local de atividade adequado e pela ajuda aos operadores na obtenção de facilidades de crédito junto de um banco público (Banco Comercial da Etiópia) e da Instituição de Crédito e Poupança de Amhara. Os entrevistados também referem que as questões relacionadas com o apoio, como a facilidade de crédito e o terreno, são frequentemente levantadas pelos operadores.

No entanto, os funcionários referem que existem diferentes factores limitativos que condicionam a sua ação. Os problemas relatados foram a separação dos serviços, ou seja, o terreno é propriedade do município e o dinheiro é propriedade da CBE e da ACSI. Os entrevistados deixaram claro que, embora o gabinete tenha a responsabilidade de oferecer instalações a estes operadores, o processo tem de passar pelo município da cidade, o que torna o processo cansativo e aborrecido para os operadores. Além disso, os terrenos são geralmente atribuídos aos operadores em zonas não comercializáveis, o que gera insatisfação por parte dos operadores.

Quanto à facilidade de crédito, apesar de o gabinete de desenvolvimento das micro e pequenas empresas estar mandatado, em seu nome, para fazer com que os operadores obtenham empréstimos junto das organizações financeiras acima referidas, estas instituições financeiras ignoram estes pedidos.

Outro desafio relatado foi a relutância dos operadores em se organizarem - isto quer dizer que, embora o gabinete tenha arranjado uma vantagem especial para as cooperativas, como a disponibilização de terrenos sem rendas, empréstimos e formação, os operadores normalmente não o fazem, o que continua a ser um desafio que impede a execução de políticas e estratégias.
A falta de peritos qualificados, especialmente no gabinete de desenvolvimento das micro e pequenas empresas, e o défice orçamental são os outros problemas sublinhados para a execução eficaz da missão do gabinete.

Quanto ao plano futuro deste gabinete no que diz respeito ao apoio aos operadores, os funcionários disseram que estão a ser preparados dois *micro-lugares* (áreas de trabalho especiais para microempresários) na periferia da cidade. Um, a caminho de Adis Abeba, e o outro a norte da cidade, perto do estádio, partindo do princípio de que o agrupamento beneficia as empresas na troca de ideias e experiências.

No que diz respeito à concessão de facilidades de crédito, os funcionários detidos não têm a certeza das perspectivas de futuro destas empresas (MEs). Por fim, ao descreverem a situação geral das MEs face ao objetivo estabelecido pelo governo de promover e assegurar a sua sustentabilidade, concluíram que pouco foi feito devido aos constrangimentos acima referidos que encontraram.

CONCLUSÕES E RECOMENDAÇÕES

CONCLUSÃO

Como já foi referido, tanto no mundo desenvolvido como no mundo em desenvolvimento, a questão do desenvolvimento das PMEs como parte integrante do desenvolvimento económico local é uma área recente na arena do desenvolvimento. Também na Etiópia, tendo em conta a dimensão do desemprego e da pobreza, bem como o potencial de desenvolvimento das PME, o governo tem dado recentemente a devida atenção a este sector. Nas pequenas cidades, onde o desemprego é um problema devido à migração rural-urbana e ao aumento natural da população, o crescimento e a expansão das microempresas são alternativas vitais. A este respeito, as microempresas proporcionam um emprego satisfatório a um grande número de pessoas na área de estudo. Oferecem uma oportunidade importante para muitos jovens e adultos. O resultado do inquérito sobre o nível de educação dos empresários mostrou que exatamente metade deles (50%) completou o ensino secundário. Este facto indica que as microempresas são potencialmente alternativas para aqueles que não podem ou não querem prosseguir os estudos.

Este estudo concluiu que existe uma diferença entre homens e mulheres na participação em microempresas. A diferença entre o número de homens e mulheres neste sector pode ser atribuída à menor participação das mulheres nas actividades de fabrico e técnicas que requerem uma força física forte. Além disso, as crenças socioculturais de que as mulheres não podem participar neste sector podem limitar a sua participação. Os resultados descritivos do inquérito indicaram os actuais desafios e constrangimentos na área. Neste sentido, pode concluir-se que a escassez de capital (70%) é o maior constrangimento para o negócio, seguido da existência de concorrentes.
Para além da escassez de capital, a dificuldade no processo de contração de empréstimos (56%) e os elevados juros e outros custos de contração de empréstimos (25%) são considerados os principais desafios na obtenção de financiamento.

No que diz respeito aos desafios relacionados com a falta de procura e de oferta de matérias-primas, a primeira não constitui um problema para mais de 38% das empresas, enquanto a segunda não constitui um problema para 14% das empresas, o que implica que a falta de procura é uma restrição maior do que o acesso a matérias-primas suficientes para as microempresas. Em termos sectoriais, contudo, a disponibilidade de matérias-primas suficientes é um estrangulamento para a maioria das empresas transformadoras. Este facto pode dever-se a uma diminuição dos produtos florestais, nos quais se baseia a existência de algumas destas empresas.

Foram proporcionadas oportunidades de formação a 21,6% do total de empresários. Em termos de tipos de formação, um número relativamente considerável de empresas (21 em 35) proporcionou formação técnica, sendo a maior parte dos trabalhadores das empresas transformadoras. 10 das 35 empresas receberam formação em gestão de empresas, enquanto as restantes 3 e 1 das empresas receberam, por esta ordem, formação em gestão de marketing e em contabilidade e escrituração. Embora as oportunidades de formação não fossem satisfatórias, as formações oferecidas eram pertinentes para o trabalho dos formandos.

No que diz respeito às ligações (ligações a prazo), os principais clientes das microempresas na área de estudo eram clientes privados e as suas ligações a prazo com retalhistas e com pequenas empresas fora da cidade são negligenciáveis. Por conseguinte, esta conclusão confirma o facto de as microempresas terem pouco acesso a mercados fora das suas áreas locais. O resultado da regressão revelou que o capital das empresas influencia fortemente as vendas das empresas. Além disso, a aquisição de formação (serviço de desenvolvimento empresarial) apresentou uma relação positiva com as vendas dos empresários. No entanto, o estudo não encontrou provas que apoiem uma perceção comum que associa a educação formal a uma maior incidência de sucesso empresarial. Como se depreende do relatório da entrevista, a falta de peritos qualificados no serviço de desenvolvimento das micro e pequenas empresas é também o outro problema sublinhado para implementar eficazmente a missão do serviço.

RECOMENDAÇÕES

As microempresas nos países em desenvolvimento, especialmente na Etiópia, desempenham um papel crucial no desenvolvimento económico do país através da utilização das competências locais e tradicionais existentes, da aplicação de tecnologias de mão de obra intensiva e da criação de oportunidades de emprego, entre muitos outros contributos. No entanto, estes contributos do sector podem ser funcionais se e só se os desafios que as microempresas ainda enfrentam forem reduzidos através do nivelamento das condições de concorrência e da exploração das oportunidades disponíveis.

Com base nas conclusões do estudo acima referidas, a recomendação seguinte para esta tese vai no sentido da impressão de que:

1. Criar ambientes empresariais favoráveis que promovam o funcionamento e o desenvolvimento das empresas, tais como apoio financeiro e facilidades de crédito. Assim, para minimizar os problemas relacionados com o acesso ao crédito e aos recursos financeiros, recomenda-se que
    - Os operadores devem beneficiar de um regime especial de crédito com um procedimento formal curto e uma taxa de juro razoável.

- Incentivar a capacidade de mecanismos de autoajuda mútua, como o "*Iquib*", como instituições financeiras alternativas, contribuiria muito.

2. A participação das mulheres nas microempresas é reduzida. Assim, as opiniões estereotipadas de que as mulheres não podem participar em microempresas e, em particular, em actividades técnicas e de produção, devem ser minimizadas através da promoção da cultura da igualdade e do espírito empresarial na sociedade. As medidas destinadas a incentivar a participação das mulheres no sector devem ser reforçadas se se considerar que as microempresas contribuem para a economia através do emprego e do espírito empresarial.

3. As microempresas necessitam de diferentes tipos de serviços, instituições e mecanismos de prestação do que as empresas de maior dimensão. Por conseguinte, há que envidar mais esforços para aumentar a cobertura dos serviços de formação através do reforço institucional e da criação de capacidades das organizações de apoio. Para uma promoção efectiva das microempresas, a formação tem de ser orientada pela procura, ou seja, baseada nos serviços de apoio de que os operadores necessitam. A oferta de formação em matéria de competências é uma estratégia central para ajudar os operadores de microempresas a entrar em sectores de maior valor. Dá-lhes as competências necessárias para produzir bens de maior qualidade, que lhes permitem obter preços mais elevados no mercado. Isto retira-os do sector de baixa qualidade e baixo preço no qual as microempresas têm frequentemente dificuldade em competir.

4. As ligações são factores-chave que ajudam os operadores de microempresas a adquirir um fornecimento barato e regular de factores de produção ou competências. Além disso, ajudam a desenvolver mercados garantidos para os bens e serviços das microempresas. A este respeito, este estudo sugere que a administração local, juntamente com outros organismos interessados, como as ONG, deve melhorar a ligação dos operadores das microempresas da cidade com o exterior através da publicidade dos produtos e da organização de feiras comerciais. Isto reforçará as ligações espaciais e inter-sectoriais do sector.

5. Em alguns casos, os operadores de microempresas não têm conhecimento dos serviços de apoio às empresas e das oportunidades de negócio disponíveis. Por conseguinte, devem ser organizadas campanhas de sensibilização sobre os serviços de apoio às empresas oferecidos pelo serviço das microempresas a estes operadores, uma vez que tal pode atenuar os seus problemas relacionados com o capital de exploração.

6. Recomenda-se também a colocação de funcionários governamentais qualificados com

responsabilidade pelos sectores das EM, pois isso pode ajudá-los a serem mais eficazes na implementação de políticas relacionadas com o apoio ao sector.

Apêndice 1: Mostra as categorias do sector das microempresas por "kebele

Tipo de categoria de empresa	***Kebeles***								**Categoria do sector**
	01	**02**	**03**	**04**	**05**	**06**	**07**	**Total**	
Moinhos (transformação de farinha)	**1**	**2**	**4**	**3**	**4**	**4**	**5**	**23**	**M**
Moinhos de óleo alimentar	**5**	**3**	**4**	**2**	**3**	**-**	**-**	**17**	**M**
Padaria	**4**	**3**	**1**	**1**	**3**	**3**	**-**	**15**	**M**
Fabrico de blocos e de tijolos	**-**	**-**	**1**	**-**	**-**	**-**	**-**	**1**	**M**
Casa de sumos (aposta Chimaqi)	**5**	**3**	**-**	**2**	**1**	**-**	**-**	**11**	**M**
Trabalhos em madeira	**5**	**6**	**6**	**3**	**2**	**4**	**3**	**29**	**M**
Trabalho em metal	**5**	**4**	**3**	**2**	**2**	**2**	**-**	**18**	**M**
Fotocópia e impressão	**12**	**1**	**13**	**3**	**1**	**-**	**-**	**30**	**M**
Subtotal	**37**	**22**	**32**	**16**	**16**	**13**	**8**	**144**	
Vestuário (primeira e segunda mão)	**111**	**5**	**-**	**1**	**-**	**-**	**-**	**117**	**T**
Comércio retalhista de café	**3**	**1**	**1**	**-**	**1**	**-**	**-**	**6**	**T**
"Dir e mags	**21**	**-**	**4**	**-**	**-**	**-**	**-**	**25**	**T**
Venda de legumes e frutas	**7**	**4**	**2**	**1**	**4**	**-**	**1**	**19**	**T**
Estacionário	**2**	**2**	**-**	**3**	**1**	**-**	**-**	**8**	**T**
Loja de música	**9**	**3**	**2**	**-**	**-**	**-**	**-**	**14**	**T**
"Comércio de Atana	**-**	**-**	**14**	**-**	**2**	**-**	**-**	**16**	**T**
Cosméticos e produtos de beleza	**4**	**2**	**4**	**3**	**-**	**-**	**-**	**13**	**T**
Mel e manteiga	**6**	**3**	**2**	**2**	**1**	**-**	**-**	**14**	**T**
Peças de substituição	**-**	**-**	**-**	**3**	**-**	**1**	**-**	**4**	**T**
Sapataria	**14**	**10**	**-**	**-**	**-**	**-**	**-**	**24**	**T**
Especiarias	**33**	**-**	**3**	**-**	**-**	**1**	**-**	**37**	**T**
Comércio de sacos	**2**	**-**	**-**	**-**	**-**	**-**	**-**	**2**	**T**
Comércio de cereais	**13**	**10**	**5**	**-**	**-**	**-**	**-**	**28**	**T**
Alimentos e detergentes	**227**	**31**	**114**	**21**	**23**	**9**	**8**	**433**	**T**
Comércio de algodão	**4**	**-**	**2**	**-**	**-**	**-**	**-**	**6**	**T**
Subtotal	**456**	**71**	**153**	**34**	**32**	**11**	**9**	**766**	
Manutenção de rádios e cassetes	**1**	**1**	**1**	**3**	**2**	**-**	**-**	**8**	**t**
Manutenção de motores e bicicletas	**-**	**-**	**-**	**2**	**1**	**1**	**-**	**4**	**t**
Alfaiates	**27**	**7**	**3**	**3**	**1**	**-**	**1**	**42**	**t**
Barbearia (cabeleireiro)	**2**	**3**	**7**	**5**	**5**	**4**	**2**	**28**	**t**
Salão de beleza	**3**	**2**	**2**	**4**	**-**	**-**	**-**	**11**	**t**
"Gari	**2**	**-**	2	2	**-**	3	**2-**	**11**	**t**
Fotografia	**2**	**1**	**3**	**1**	**2**	1	**-**	**10**	**t**
Subtotal	**37**	**14**	**18**	**20**	**11**	**9**	**5**	**114**	
Casa de chá (café)	**2**	**2**	**2**	**5**	**6**	**3**	**-**	**20**	**F**

Hotéis e bares	**1**	**8**	**3**	**2**	**2**	**1**	**-**	**17**	**F**
Talho	**12**	**2**	**1**	**1**	**-**	**-**	**-**	**16**	**F**
Aposta "Tej	**1**	**-**	**1**	**1**	**-**	**-**	**-**	**3**	**F**
Subtotal	**16**	**12**	**7**	**9**	**8**	**4**	**-**	**56**	
Total geral	**546**	**119**	**210**	**79**	**67**	**37**	**22**	**1080**	

N.B. A classificação das actividades em indústria transformadora, comércio, serviços técnicos e serviços de restauração e bebidas baseia-se na classificação CSA (2002). Onde; M=ProduçãoT=Comércio F=Serviços do tipo comida e bebidaet=Serviços do tipo técnico

UNIVERSIDADE DE ADDIS ABABA

QUESTIONÁRIO DE INVESTIGAÇÃO EM GEOGRAFIA E ESTUDOS AMBIENTAIS

Caro inquirido,

O meu nome é Birhanu Mengist e estou a realizar uma investigação no âmbito do programa de mestrado que estou a frequentar na Universidade de Adis Abeba. O tema da minha investigação é "uma avaliação dos factores determinantes do crescimento e do desempenho das PME: o caso da cidade de Debre Markos". Ao fazê-lo, a sua atividade comercial é a área de foco do meu estudo.

Por conseguinte, gostaria de agradecer antecipadamente o facto de me ter dispensado o seu precioso tempo para preencher este questionário.

SECÇÃO 1

Parte I. Caraterísticas gerais da atividade empresarial

1.1. Enumeração Kebele Casa nº.

1.2. Tipo de atividade ______________________________

1.3. Idade do empresário ______________________________

1.4. Sexo ☐ Masculino ☐ Feminino

1.5. Estado civil

☐ Solteiro (nunca casou) ☐ Viúvo

☐ Casado ☐ Divorciado

1.6. Ocupação dos pais

☐ Agricultura ☐ Indústria

☐ Funcionário público ☐ Serviço de assistência técnica

☐ Comércio ☐ Serviço de alimentação e bebidas

Se outro (especificar) ____

1.7. Que tipo de empresa gere atualmente?

☐ Comércio ☐ Alimentação e bebidas

☐ Serviço técnico ☐ Fabrico

1.8. Há quanto tempo vive na cidade?

☐ Desde o nascimento

Se não desde o nascimento, especificar (em anos) _________

1.9. Se "Não" desde o nascimento, pode dizer-nos a razão da sua vinda para esta região?

☐ Por motivo de casamento ☐ Para visitar familiares

☐ Para o emprego ☐ Para a educação

Outros pormenores ________________________________

1.10. O inquirido é ____________________

☐ 1. Proprietário ☐ 5. Empregado

☐ 2. Trabalhador cooperativo ☐ 6. Gestor de cooperativa

☐ 3. Filho/filha do proprietário ☐ 7. Irmão/irmã do proprietário

☐ 4. Mulher/marido do proprietário

Se outro, especificar ____________________________

Parte II. Nível de educação e experiência (formação)

2. 1. Qual é o seu nível de educação?

☐ 1. Analfabeto ☐ 4. Abaixo do ensino secundário

☐ 2. ensino secundário completo ☐ 5. certificado (10 + 1)

☐ 3. diploma (10 + 3) ☐ 6. diploma universitário

Se outro, especificar ____________________________________

2.2. O que estava a fazer imediatamente antes de iniciar esta empresa?

☐ 1. na escola (aprendizagem

☐ 2. desempregado (depois de deixar a escola)

☐ 3. Desempregado (despedido de um sector público)

☐ 4. Desempregado (militar reformado)

☐ 5. Trabalhador por conta de outrem

☐ 6. Trabalhar no sector público

☐ 7. Empregado em atividade similar

☐ 8. Empregado numa atividade não relacionada

☐ 9. Trabalhar numa empresa familiar não remunerada

Se outro (especificar) ____________________________

2.3. A sua experiência/emprego anterior ajuda na sua atividade atual?

☐ 1. Sim ☐ 2. Não

2.4. Participou em acções de formação sobre empreendedorismo antes ou depois de criar a sua empresa?

☐ 1. Sim, antes ☐ 3. Sim, depois

☐ 2. Sim, antes e depois ☐ 4. De modo algum

2.5. Recebeu formação em algum dos seguintes domínios? (são possíveis respostas múltiplas)

☐ 1. Formação técnica

☐ 2. Gestão de empresas

☐ 3. Formação em competências empresariais

☐ 4. Gestão de marketing

☐ 5. Contabilidade e escrituração

Se outros (especificar) ______________________________

2.6. De que tipo de formação precisa o governo?

☐ 1. Sem necessidades de formação ☐ 3. Competências de gestão

☐ 2. Competências contabilísticas ☐ 4. Utilização de máquinas

Se outro (especificar) ___________________________________

2.7. Porque é que se juntou a este negócio?

☐ 1. Ser trabalhador por conta própria

☐ 2. Para gerar rendimentos

☐ 3. Viu uma oportunidade lucrativa

☐ 4. Uma vez que os pais trabalhavam no sector

☐ 5. Não tinha outra alternativa

Se outro (especificar) ________________________________

2.8. Se pudesse escolher quando iniciou esta atividade, preferia ter sido um assalariado/empregado?

☐ 1. Sim ☐ 2. Não

2.9. Se a sua resposta for "Sim" à pergunta 2.8, qual é o seu emprego preferido?

☐ 1. Funcionário público

☐ 2. Funcionário de uma ONG

☐ 3. Empregado de organização privada

Se outro (especificar) _____________________________

Part III. Idade, mão de obra, capital e localização da empresa

3.1. Há quantos anos é que esta empresa está em atividade ______ (nº de anos?)

3.2. Quantos trabalhadores tinha quando iniciou a atividade e agora?

No início ___________

Agora _______________

3.3. Qual o montante do seu capital inicial? _________________

3.4. Qual é o montante do seu capital atual? _________________

3.5. A partir de onde é exercida a sua atividade?

☐ 1. casa própria

☐ 2. Apenas o mercado .

☐ 3. No país e no mercado

Se outro (especificar) ___________

3.6. Começou o negócio a partir de:

☐ 1. arranhão/seu próprio ☐ 3.comprado

☐ 2. herdadoSe outro (especificar)____________________

3.7. Que vantagens obtém com a licença?

☐ 1. formação em empreendedorismo

☐ 2. criação de mercado e serviço de promoção

☐ 3. melhoria das infra-estruturas no domínio de atividade

☐ 4. fornecimento de capital de giro pelo governo

☐ 5. disponibilidade de empréstimos bancários

Se outros (especificar) ______________________________

3.8. Que desvantagens enfrentou devido à licença?

____

Part IV. Fonte financeira e poupança

4.1. Qual foi a sua principal fonte de capital de exploração para iniciar esta atividade?

☐ l. Poupança própria ☐ 5. herdada da família

☐ 2) Empréstimos de familiares/amigos

☐ 3. empréstimo de instituições financeiras formais ☐ 6. instituições (bancos)

☐ 4. Associações de poupança e crédito ☐ 7.Instituições de microfinanças

Se outro (especificar) ______________________________

4.2. Foi fácil para as empresas licenciadas obterem financiamento junto de instituições de crédito?

☐ 1. Sim ☐ 2.Não

4.3. Se a sua resposta for "Não" à pergunta 4.2, qual foi o principal desafio para obter o empréstimo?

☐ 1. Garantias inadequadas

☐ 2. Falta de informação sobre onde obter financiamento

☐ 3. O processo de contração de empréstimos é demasiado difícil

☐ 4. Juros e outros custos demasiado elevados

☐ 5. As IFM não libertam o dinheiro rapidamente

☐ 6. Receio de não poder pagar

☐ 7. Problemas entre os membros

Se outro (especificar) ______________________________

4.4. Qual é a sua opinião sobre o impacto da contração de empréstimos?

☐ 1. Necessário para o negócio

☐ 2. Não me importo com isso

☐ 3. Não gosto

4.5. Começou a poupar

☐ 1. Sim ☐ 2. Não

4.6. Se a sua resposta for "Sim" à pergunta 4.5, onde é que guarda?

☐ 1. Banco ☐ 4. Associação de poupança e crédito

☐ 2. Iquib ☐ 5. Família

☐ 3. AmigoSe outro (especificar)______________________________

Parte V. Relação, oferta/procura dos produtos e despesas

5.1 A quem compra factores de produção (matérias-primas, artigos para venda a retalho ou ferramentas) (é possível uma resposta múltipla)

☐ 1. Fornecedores retalhistas na cidade de Debre Markos

☐ 2. Comerciantes e distribuidores inteiros da cidade

☐ 3. Vendedores inteiros fora da cidade

☐ 4. Retalhistas fora da cidade

☐ 5. Agricultores

Se outro (especificar) ____________________________________

5.2 Dispõem de algum desconto na compra aos vossos fornecedores clientes?

☐ 1. Sim ☐ 2. Não

5.3 Quanto tempo demora a comprar os seus materiais e a receber o dinheiro das vendas?

☐ 1. Imediatamente

☐ 2. Menos de uma semana

☐ 3. Menos de duas semanas

☐ 4. Menos de um mês

☐ 5. Mais de um mês

5.4 A sua empresa compra mensalmente sob a forma de:

☐ 1. Dinheiro ☐ 3. Crédito

☐ 2. Troca direta Se outra (especificar) ______________________

5.5 A que bens ou serviços destina mais o seu rendimento?

☐ 1. Alimentação e serviços públicos ☐ 3. Alimentação e vestuário

☐ 2. Alimentação e renda da casa ☐ 4. Apenas alimentação

☐ 5. Não sei

5.6 Qual é o rendimento familiar médio aproximado (vendas) da sua atividade? (Sugestão: rendimento total do último mês (dezembro))

Birr ______________________________

5.7 Quem são os principais clientes dos seus produtos?

☐ 1. Vendedores inteiros/grandes retalhistas na cidade D/M

☐ 2. Vendedores inteiros/grandes retalhistas fora da cidade D/M

☐ 3. Pequenos retalhistas e retalhistas da mesma dimensão na cidade

☐ 4. Retalhistas mais pequenos e da mesma dimensão fora da cidade

☐ 5. Mercados de exportação ☐ 6. Utilizadores privados

☐ 7. Projectos governamentais

Se outro (especificar) ______________________

5.8 Quem são os clientes secundários dos seus produtos?

☐ 1. Vendedores inteiros / maiores retalhistas da cidade

☐ 2. Vendedores inteiros/grandes retalhistas fora da cidade D/M

☐ 3. Pequenos retalhistas e retalhistas da mesma dimensão na cidade

☐ 4. retalhistas mais pequenos e da mesma dimensão fora da cidade D/M

☐ 5. Utilizadores privados

☐ 6. Projectos governamentais

☐ 7. Instituições de exportação

Se outro (especificar) ______________________________

5.9 Existem concorrentes à volta do seu local de trabalho?

☐ 1. Sim, há muitos com produtos semelhantes

☐ 2. Não existe qualquer competência e não existe um bom mercado/procura

☐ 3. Há poucas pessoas competentes, mas há mercado

☐ 4. Não existe um mercado competente mas existe um bom mercado

5.10 Se existe concorrência, qual é o efeito na sua atividade?

☐ 1. Os lucros da minha empresa diminuem drasticamente

☐ 2. Os lucros da minha empresa aumentam consideravelmente

☐ 3. Altero o tipo de mercadoria

Se outro (especificar) ______________________________

Parte VI. Rentabilidade e Plano dos Empresários

6.1 Situação atual (desde 1999), a sua empresa é rentável?

☐ 1 . Sim, é mais rentável do que antes

☐ 2. Não, atualmente está a funcionar com perdas

☐ 3. Sim, era e torna-se mais rentável atualmente

☐ 4. Não, não foi e diminuiu drasticamente

☐ 5. Não apresenta qualquer alteração

6.2 Se a sua empresa não é rentável, qual é, na sua opinião, a razão? (são possíveis respostas múltiplas)

☐ 1. A existência de muitos concorrentes

☐ 2. A existência de poucos clientes

☐ 3. Escassez de fundo de maneio

☐ 4. Falta de procura (mercado) para os meus produtos

☐ 5. Aumento do preço dos factores de produção

☐ 6. Regras e regulamentos do governo

6.3 Como evoluiu o volume de entradas (matérias-primas, equipamentos ou entradas de serviços) desde 1999?

☐ 1. Aumento significativo

☐ 2. Ligeiramente aumentado

☐ 3. Diminuição ligeira

☐ 4. Diminuição significativa

☐ 5. Constante (não se altera)

6.4 A procura do seu produto é sazonal?

☐ 1. Sim ☐ 2. Não

6.5 Se a resposta à pergunta 6.4 for "Sim", quais são os meses de recolha?

☐ 1. setembro - novembro ☐ 3. dezembro - fevereiro

☐ 2. março - maio ☐ 4. junho - agosto

6.6 Na pergunta número 6.5, quais são as causas de um maior volume de negócios (lucro) nesta época?

____

____

6.7 Para que fins utiliza os lucros obtidos com a sua empresa?

☐ 1. Re-investir para expandir a atividade

☐ 2. Utilização para consumo doméstico

☐ 3. Oferta à família

☐ 4. Depositar (Guardar)

Se outro (especificar) ____________________________

Parte VII. Desafios e serviços de apoio necessários

7.1. Classifique (numa escala de quatro pontos) a gravidade de cada um dos seguintes desafios à expansão da sua atividade. (Para as perguntas nºs 1 a 11)

(0 = sem problema; 1 = problema menor; 2 = problema moderado; 3 = problema grave; 4 = problema muito grave)

1. Deficiências de competências ____________
2. Falta de um local adequado para a atividade
3. Baixo rendimento das pessoas, o que resulta numa baixa procura
5. Falta de recursos financeiros (fundo de maneio) ___________
6. Falta de requisitos em matéria de infra-estruturas _________
7. Indisponibilidade de matéria-prima suficiente ___________
8. Regras e regulamentos estabelecidos pelos governos ___

7.2. Quem fixa os preços dos vossos produtos?

☐ 1. Mercado ☐ 5. Estabelecido pela associação

☐ 2. Definido pelo governo ☐ 6. Negociar com o comprador

☐ 3. Comercializar e negociar com o comprador

☐ 4. Estabelecido pelo governo e negociado com o comprador

7.4. Recebeu alguma ajuda (workshops, formações, aconselhamento empresarial) para a expansão da sua empresa?

☐ 1. Sim ☐ 2. Não

7.5. Se a sua resposta à pergunta 7.4 for "Sim", em que matérias específicas foi assistido?

7.6. Alguma vez recebeu apoio para as seguintes situações? (Escreva "1" na caixa se for "Sim" e "0" se for "Não")

☐ 1. Mercado para a produção

☐ 2. Crédito

☐ 3. Disponibilização de terrenos (instalações)

7.7. A fonte de assistência que a sua empresa obteve

☐ 1. Administração local

☐ 2. Organização não governamental

Se outro (especificar) ________________________

7.8. De que tipo de apoio necessita da administração local para melhorar a sua empresa? (Classificar três deles de acordo com a prioridade dos serviços necessários)

1. Crédito para fundo de maneio ___
2. Formação em gestão ____
3. Apoio ao mercado e informações sobre produtos ____
4. Formação técnica ______
5. Contabilidade _____
6. Acesso às instalações (terreno para construção, casa)
7. Serviço de transportes, telefone, água, eletricidade __

SECÇÃO 2

I. Entrevista com o Diretor-Geral ou as autoridades locais

1. a) Para as microempresas que estão registadas ou licenciadas, a autarquia local organiza oportunidades especiais ou externaliza alguma das suas funções para o crescimento das empresas na cidade?

☐ 1. Sim ☐ 2. Não

b) Em caso afirmativo, mencionar alguns dos serviços oferecidos pelo seu gabinete?

____

____

____

c) Se "Não", mencione quaisquer factores limitantes específicos que condicionem a sua ação (plano)

____

____

____

2. a) O seu serviço já recebeu algum apoio relacionado com perguntas dos proprietários ou operadores de microempresas?

☐ 1. Sim ☐ 2. Não

b) Se a sua resposta for "Sim" à pergunta número 6, quais foram as questões de apoio levantadas pelos empresários?

3. Quais são os problemas críticos para o crescimento ou desenvolvimento das EM registadas na sua cidade?

4. Para a pergunta número. 4, Que serviços (medidas) de apoio propõe para minimizar (resolver) o problema?

a.

b.

c.

d.

5. Como descreve a situação geral das EM tendo em conta a objetivo estabelecido pelo governo para promover e assegurar a sua sustentabilidade?

6. Qual poderia ser o seu futuro apoio ao crescimento e desempenho das EM na cidade?

BIBLIOGRAFIA

Andualem Tegegn (2004). Desafios no desenvolvimento e promoção efectivos das MPE na Etiópia; algumas abordagens sugeridas. In Worku Gebeyehu e Daniel Assefa (eds.), *Proceedings of the international Workshop on the Role of Micro and Small Enterprises in the Economic development of Ethiopia.* Agência Federal para o Desenvolvimento das Micro e Pequenas Empresas. Addis Abeba: Birhanena Selam Printing Press.

Assefa Demissie (1991). A Comparative Analysis of the Development of SSI in Region 14 with other Regions. In Wolday Amha et al., (eds.) *proceedings of the 6th annual Conference of Ethiopian Economy*. Addis Abeba.

AEA (2004). *Industrialization and Industrial Policies in Ethiopia (Industrialização e Políticas Industriais na Etiópia*). Relatório sobre a economia da Etiópia. Vol. III. Addis Abeba.

Fasika Damte e Daniel Ayalew (1999). *Financing Micro and Small Scale Enterprises and Empirical Survey in Urban Ethiopia* Proceedings of the 6th Annual Conference of Ethiopian Economic Association Addis Ababa. Gebrehiwot Ageba e wolday Amha (2001). Policy Impact and Regulatory Challenges of Micro and Small Enterprises (MSEs) in Ethiopia. "http://www. Cprdhorn.org/ Publications by members.htm

Gebrehiwot Ageba e Wolday Amha (2004). *Micro and Small Enterprise Development in Ethiopia (Desenvolvimento de Micro e Pequenas Empresas na Etiópia): Survey report.* Instituto de Investigação para o Desenvolvimento da Etiópia (EDRI). Relatório de investigação II. Addis Abeba, Etiópia.

Goedhuys e Sleuwaegen (2000). Entrepreneurship and Growth of Entrepreneurial Firms in Cote D'Ivore (Empreendedorismo e Crescimento de Empresas Empresariais na Costa do Marfim). The Journal of Development Studies. Vol. 36. No. 3 p33-35

Kelelaw Addisu (2006). *An Assessment of the Current Micro enterprise Development Programs in Jima Town (Avaliação dos actuais programas de desenvolvimento de microempresas na cidade de Jima).* Não publicado em Addis Abeba: Universidade de Adis Abeba.

Manu, G. (1998). *Enterprise Development in African Strategies for Impact and Growth (Desenvolvimento de Empresas em Estratégias Africanas para Impacto e Crescimento*).
Journal of Small Enterprise Development Vol. 9 No. 4

Ministério do Comércio e da Indústria (2000). *O Inquérito de Base às Pequenas Empresas.* República da Namíbia Vol. 3

Shiferaw Bekele (1994). *Small and Meduim Enterprises Development in Ethiopia:* Opportunities and Challenges under a Structural Adjustment program (Oportunidades e desafios no âmbito de um programa de ajustamento estrutural). Solomon Wole (2004). The Micro and Small Enterprise Setor in Ethiopia. Em Worku Gebeyehu e Daniel Assefa (eds.), Proceedings of the International Workshop on the Role of Micro and Small Enterprises in the Economic Development of Ethiopia. Agência Federal das Micro e Pequenas Empresas. Addis Abeba:

Birhanena Selam printing Press Srinivas Hari (2003). The IDB and Micro enterprisePromoting Growth with Equity. 'http://www.gdrc.org/icm miro/what is micro- htm).

Tegegne Gebre Egiziabher e Mulat Demeke (2005). Desempenho das microempresas em pequenas cidades, região de Amhara: Implications for Local Economic Development (Implicações para o desenvolvimento económico local). Em Tegegn Gebre Egiziabher e Helmsing (eds.), Local Economic Development in Africa -

empresas, comunidades e administração local; Países Baixos: Shaker Publishing.

ONU (2001). Growing Micro and Small Enterprises in LDCs.The "Missing Middle" in LDCs. Why Micro and Small Enterprises Are Not Growing. Nova Iorque.

UNCTAD (2003). Policies and Non-fiscal Measures for Upgrading SME Clusters: an Assessment, Genebra.

USAID (1997). Reaching up and Scaling up: Meeting the Micro-enterprise Development change. 'www.mip.org.washington, DC'

Worku Gebeyehu e Daniel Assefa (2004). The role of Micro and Small Enterprises in the Economic Development of Ethiopia (O papel das micro e pequenas empresas no desenvolvimento económico da Etiópia). Federal Micro and Small Ente prises

Brunetti, A. et al. (1997). How Businesses See Government Responses from Private Setor Surveys in 69 countries. Documento de discussão da IFC número 33. Banco Mundial, Washington, D.C.

Autoridade Estatística Central (2003). Report on Cottage /Manufacturing Industries Survey. Addis Abeba.

Autoridade Estatística Central (2003). Relatório sobre o inquérito à indústria transformadora de pequena escala. Addis Abeba.

Amenu Bogale (2005). Characteristics and Determinants of Rural Micro Enterprises: the Case of Konso Special Woreda in Southern Region of Ethiopia [Caraterísticas e determinantes das microempresas rurais: o caso de Konso Special Woreda na região sul da Etiópia]. Não publicado. Addis Ababa. Universidade de Adis Abeba.

Elias Birhanu (2005). The Role of Micro and Small Enterprises in Local Economic Development with Special Reference to Awassa, em Tegegne Gebre Egiziabher e Helmsing (eds.), Local Economic Development in Africa - Enterprises, Communities and Local Government. Países Baixos: Shaker Publishing.

Etsegent Abebe (2000). The Survival and Growth of Micro enterprises in Ethiopia. The Case of

Two Peasant Association in Baso Worena Woreda, North Shoa. Não publicado. Universidade de Addis Ababa.

Ministério do Trabalho e da Indústria (1997). Agricultural Wage Employement in Rural Non-Farm Employment in Ethiopia (Emprego assalariado agrícola no emprego rural não agrícola na Etiópia). Addis Abeba.

Webster e Fidler (1996). The Informal Setor Micro Finance Institution in West Africa. Estudos Regionais e Sectoriais do Banco Mundial, Washington, D.C.

Comissão Económica para África (2000). Opportunities in Africa: Micro Evidence on Firms and Households, Oxford.

Harper, Malcolm (1987). Small Business in the third World. UMI.

Liedholm, C. e Mead, D. (1999). Small Enterprises and Economic Development: the Dynamics of Micro and Small Enterprises. Routledge. Londres e Nova Iorque.

Hailey Gebretinsai (2003). Empreendedorismo e Gestão de Pequenas Empresas. Faculdade de Ciências Económicas e Empresariais. Mekelle. Etiópia

Batra, G. (2003). Development of Entrepreneurship.

Labie, Marc (2006). Créditos às pequenas empresas e às microempresas.'http://www.globenet.org/archives/ web/2006/local/ada.htm/

Waterfiled, C (1993). Designing for Financial Viability of Micro-Enterprises Program, Growth and Equity through enterprise Investment Institutions, A.I.D., USA.

Levitisky, J. (1990). Credit Guarantee Schemes for Small and Medium Enterprises. Documento técnico 58 do Banco Mundial (Série Indústria e Finanças). Washington, D.C.

MTI (2003). Ethiopian women Entrepreneurs: Going for Growth. Addis Abeba.

Helmising, A.H.J. (2001). Desenvolvimento económico local em África. New generations of Actors, Politics, and Instruments (Novas gerações de actores, políticas e instrumentos). Documento de trabalho no. 12, Adis Abeba, Universidade de Adis Abeba.

Bambauer, G. (2001). Information Networks as a safeguard from opportunitism in industrial supplier-Buyer relationship. Vol.54 no.5. Frankfurt, Alemanha

Birhane Mewa (2000). Private Enterprise and Access to Information. Em Zenebe work Taddesse (eds.), Development and public Access to Information in Ethiopia. Actas do Simpósio do Fórum de Estudos Sociais. Addis Abeba Charmes, J(1999). Microempresas na África Ocidental: The need for a follow up survey of their Dynamics and Role in Job Creation with in the continuous Expansion of the Informal sector, in King and Mcgrath (eds.), Enterprises in Africa between Poverty and Growth. Centro de Estudos Africanos

Mulat Demeke e Wolday Amha (1997). Necessidades de formação para o sector informal em África. Uma breve panorâmica. Em Wolday Amha e et al (eds.),Small-scale Enterprise

Development in Ethiopia. Actas da sexta conferência anual sobre a economia da Etiópia, Adis Abeba.

Wiedmann e Associados (1995). Avaliação do sector das microempresas da Etiópia. Virgínia E.U.A.

Workie Mitiku (1996). Determinants and constraints of private Investment in Ethiopia (Determinantes e restrições do investimento privado na Etiópia). Ethiopian Journal of Economics, Vol.5 No2 Addis Ababa.

Nyaundi, O.J (2004). Micro and small Enterprises Development in Kenya (Desenvolvimento de Micro e Pequenas Empresas no Quénia). In Worku Gebeyehu e Daniel Assefa (eds.), proceedings of the international workshop on the Role of Micro and Small Enterprises in the Economic Development of Ethiopia. Agência Federal para o Desenvolvimento das Micro e Pequenas Empresas. Addis Abeba: Birhanena Selam Printing Press.

Banco Mundial (1997). Relatório sobre o Desenvolvimento Mundial 1997: O Estado num mundo em mudança. New York: Oxford University press.

Wolday Amha (2002). The role of Finance and Business Development Service (BDS) in Micro and small Enterprises (MSE) Development in Ethiopia. Occasional paper No.5, Addis Ababa.

Taddesse Gebre Selassie (2004). Poverty Reduction through Enterprise Development (Redução da Pobreza através do Desenvolvimento Empresarial): The changing role of Ethiopian NGOs. Procedimentos do workshop sobre o papel das MPE no desenvolvimento económico da Etiópia. Agência Federal para o Desenvolvimento das Micro e Pequenas Empresas, Adis Abeba.

Hallberg, K. (200). A market-Oriented Strategy for small and Medium Scale Enterprises (Uma estratégia orientada para o mercado para pequenas e médias empresas). Sociedade Financeira Internacional. Documento de discussão nº 40. Banco Mundial, Washington, D.C.

Sethuramans (1997). A Pobreza Urbana e o Setor Informal. A Critical Assessment of Current Strategies. PNUD, Nova Iorque.

Hope, K (2001). Desenvolvimento de pequenas empresas indígenas em África. Crescimento e

Impacto da economia subterrânea. O Jornal de Pesquisa de Desenvolvimento. Vol. 13, No.1.p34-43

Chijoriga, M (1997). *Potencialidades e Limitações das MPEs: Opções de financiamento na Tanzânia.*

Actas da Quarta Conferência Internacional Anual de Gestão sobre o tema "Modernização das Economias Africanas, Desafios e Estratégias", novembro de 1997.

Curran J., et al (1986). *The Survival of the Small Firm. Employment, Growth, Technology and Politics.* Cambridge Printing Press. Grã-Bretanha.

Hochschwender, J. et al (2001). *Ethiopia Micro-enterprise Setor Assessment*: A Summary Report Submitted to USAID/Ethiopia by Wiedermann Associates INC.

Hyman, E. (1989). *The Role of Small And Micro Enterprises in Regional Development* Vol. 4, No. 4. Beach Tree Publishing

Little, I et al (1987). *Small Manufacturing Enterprises: A Comparative Analysis of India and Other Economics*. Nova Iorque. Oxford University Press. http://www.job.mix/SME-html

Dipta, W. (2004). The Role of MSEs in Economic Development: The Indonesian Perspective. In Worku Geneyehu And Daniel Assefa (eds.), *Proceedings of the International Workshop on the Role ofMicro and Small Enterprises in the Economic Development ofEthiopia*. Federal Micro e Agência de Desenvolvimento das Pequenas Empresas. Adis Abeba: Birhanna Selam Printing Press.

Agrawal, A. (2004). An Overview of Micro and Small Scale Enterprises: Um estudo de caso sobre Índia. In Worku Gebeyehu e Daniel Assefa (eds.), *Proceedings of the International Workshop on the Role ofMicro and Small Enterprises in Economic Development ofEthiopia.* Agência Federal de Desenvolvimento das Micro e Pequenas Empresas. Adis Abeba: Birhanna Selam Printing Press.

Okelo, Mary (1995). *Support for Women in Micro Enterprises in Africa (Apoio às Mulheres nas Microempresas em África*). Washington, D.C. Publicação intermédia.

Hehui, J (1995). *Small and Micro Enterprises in China 's Industry*:_Performance*, Problems and Prospects*. Blackwell Publishing Ltd: Oxford.

Agência Federal para o Desenvolvimento das Micro e Pequenas Empresas (2002): *How to Become a Key Player in MSE Development.* Addis Abeba. Birhanna Selam Printing Press.

Chemeda, D (2004). Micro e pequenas empresas/artesanato: Desenvolvimento Constrangimentos, potencialidades de exportação e oportunidades na Etiópia. Em Worku Gebeyehu e Daniel Assefa (Eds.), *Actas da Conferência Internacional de Workshop sobre o papel das micro e pequenas empresas na economia Desenvolvimento da Etiópia.* Agência federal de desenvolvimento das micro e pequenas empresas. Agência Federal de Desenvolvimento das Micro e Pequenas Empresas . Adis Abeba: Birhanna Selam Printing Press

Tsegereda Abrham (2002). *O Dinamismo e a Contribuição Potencial das Micro e Pequenas*

Empresas

Das empresas ao desenvolvimento: O caso do sector do calçado em Addis Abeba .

Adil Yassin (2007). *Challenges and Constraints of Micro and Small Scale Enterprises: The Case of Three Sub-Cities Industrial Zones*. AAU. Não publicado.

Banco Mundial (1994). *Relatório sobre o Desenvolvimento Mundial 1997: O Estado num mundo em mudança.*

Nova Iorque: Oxford University Press.

Mead et al (1998). *The Dynamics of Micro and Small Enterprises in Developing Countries (A dinâmica das micro e pequenas empresas nos países em desenvolvimento) World* Development. Vol. 26. No1. 61-74.

OIT (1999). *Gender Issues in the World of Work (Questões de Género no Mundo do Trabalho): Gender Issues in Micro-Enterprise (Questões de Género nas Microempresas) Desenvolvimento,* Genebra OIT.

Downing, J. (1990). *Gender and the Growth and Dynamics of Micro-Enterprises.* Bethesda, MD.

Escola da Função Pública da Etiópia (2007). *Relatório do Plano Diretor da Cidade de Debre Markos. Instituto de Estudos de Desenvolvimento Urbano.* Departamento de Planeamento Urbano, Addis

Abeba.

Pederson, P (1989). *The Role of Small Enterprises and Small Towns in Developinga nd*

Países desenvolvidos. Documento de Projeto CDR 89. Copenhaga: Centro de Investigação para o desenvolvimento

Gabinete de Comércio e Indústria da cidade de Debre Markos (2007): Não publicado.

Documento do município da cidade de Debre Markos (2007). Não publicado.

Estação Meteorológica da cidade de Debre Markos (2007). Não publicado

Printed by Books on Demand GmbH, Norderstedt / Germany